虚拟社会

元宇宙及后人类体验新疆域

VIRTUAL SOCIETY

The Metaverse and the New Frontiers of
Human Experience

［英］赫尔曼·纳鲁拉 ◎ 著　　张馨 ◎ 译

中国出版集团
中译出版社

著作权合同登记号：图字 01-2023-3447 号

VIRTUAL SOCIETY: The Metaverse and the New Frontiers of Human Experience by Herman Narula

Copyright © 2022 by Herman Narula

All rights reserved including the right of reproduction in whole or in part in any form.

This edition published by arrangement with Currency, an imprint of Random House, a division of Penguin Random House LLC

The simplified Chinese translation copyright © 2025 by China Translation & Publishing House

ALL RIGHTS RESERVED

图书在版编目（CIP）数据

虚拟社会 /（英）赫尔曼·纳鲁拉著 ; 张馨译 . --
北京：中译出版社，2025.3
　书名原文：VIRTUAL SOCIETY: The Metaverse and
the New Frontiers of HumanExperience
　ISBN 978-7-5001-7681-7

　Ⅰ.①虚… Ⅱ.①赫… ②张… Ⅲ.①虚拟现实
Ⅳ.① TP391.98

中国国家版本馆 CIP 数据核字 (2024) 第 021925 号

虚拟社会
XUNI SHEHUI

策划编辑：刘香玲
责任编辑：刘香玲
文字编辑：郑张鑫　张娟花　周辰瀛
营销编辑：黄彬彬
封面设计：万　聪
排　　版：聚贤阁

出版发行：中译出版社
地　　址：北京市西城区新街口外大街 28 号普天德胜科技园主楼 4 层
电　　话：（010）68359719（编辑部）
邮　　编：100088
电子邮箱：book@ctph.com.cn
网　　址：http://www.ctph.com.cn

印　　刷：河北宝昌佳彩印刷有限公司
经　　销：新华书店
规　　格：710 mm×1000 mm　1/16
印　　张：15.5
字　　数：210 千字
版　　次：2025 年 3 月第 1 版
印　　次：2025 年 3 月第 1 次

ISBN 978-7-5001-7681-7　　　　　定价：69.00 元

版权所有　侵权必究
中 译 出 版 社

献给埃尔莎，愿所有世界向你敞开。

前言 PREFACE

未来某天，一个脱离身体的人正在阅读本书。

21 世纪结束前，甚至 2040 年以前，这种现象极有可能出现。现在，我们已基本确定大脑是一台处理信息的"机器"。我合理推测，人类终将把大脑与一台能模拟整个世界的计算机连接到一起。量子计量领域现已发展出可监听神经元簇活动的"电磁低语"的传感器。具有生物相容性的碳纳米管功能强大，且传导性也很好，有望成为连接每个神经元的"神经织网"。若大脑能以某种方式连接到计算机，计算机又能创造出与现实相比不差毫厘，甚至更胜一筹的世界，那么，极大受制于肉身的现实生活将在自由思想决定的未来生活面前相形见绌。

有人把这些没有身体的读者称为"后人类"（post-human），他们能用今天我们无法想象的方式获取并处理信息。在数字现实中，以精神形态阅读这些文字到底是什么感觉？或许，对本书概念的理解和整合行为会立即发生，或以非线性形式发生，数百个概念犹如烟花绽放般在后人类的大脑中形成知识架构；或许，"后人类"读者会通过未来才出现的感官，或使用听觉、嗅觉和触觉的通感来消化新概念。这些未来感官超越人类身体感官，能帮助大脑细致而完整地还原概念本义。在后人类社会，历史、科幻小说或幻想都能成为完全具身的真实；后人类将在一千个平行世界中过着一千种平行生活。

随着技术及其应用不断改进与发展，我们正在逐步走向人类历史新时代。在这个新时代，人类生活将不再受身体束缚，构建的真实将通过与物理世界的交流而存在。我们实现这一目标不需要物理学创新，只需把已经很擅长的改进和升级行为持续下去。人类发明出物理工具，改变了地球，也改善了日常生活。随之出现的神话、故事和仪式等文化技术则赋予人类创新以形式和意义。自史前以来，改造世界一直是人类生存的主题。我们总是用想象力和双手去探索新世界、拓展原有世界。这是人类发展的推动力，即使这里所说的"双手"越发突出其比喻义，这种推动力也将持续下去。

在你看来，虚拟世界的未来可能像一个反乌托邦：人类变成了没有血液、被装在罐子里的大脑；技术变革过快，人类逃进了赛博空间，现实世界只有荒芜和混乱。你或许会认为，由机器主导的生活完全脱离了基本人性。

请你抛开先入之见再进行思考。古往今来，人类大量描绘他者的（other）[1]、更好的未来，期望生活在一个更加充实、体验感更强的非物质世界。对未来的想象与信念，本身也是一种人类改善现实体验的文化技术。几千年来，宗教信徒描绘来世图景，不只出于宗教信仰，还出于人类一直以来怀有把无形事物有形化、理想世界具象化的热忱。我们期待增强视觉、感觉和理解能力，突破物质世界的局限，到达仅由思想控制的未来世界。

然而，这一重大社会变革无须使大脑和机器直接相连。脑机接口是虚拟社会变革结束的标志，但我们目前的任务还是在虚拟现实中开发数字社会和数字文化。在今天，这种具身的三维数字空间被称为虚拟世界，人们在其中通过数字化身（avatar）进行互动。从前只出现在电子游戏和娱乐产业的场景建模，在当今的应用则更加广泛。虚拟世界组成的"元宇宙"（Metaverse）开始延伸到人类文化的各个方面，孕育新经济、带来新机遇，影响范围堪比互联网。许多人认为，元宇宙和虚拟世界仅是电子游戏的演变，不过是一时风潮。这种局限的认知从根本上误解了人类创造他者现实、寻求满足感的原因。

我们如果对元宇宙的基本概念感到困惑，无法对它所能起到的作用产生全面系统的认知，那么最终将会导致资本浪费、无效监管、无限放大错误使用的负面影响。本书的目的就是防止上述现象

1　指不同于现实的。——译者注

发生。接下来，我将提出一个理解虚拟社会的新方式：若吸取互联网时代的前车之鉴，对元宇宙加以精心管理，虚拟社会将成为无与伦比的自由国度。

几十年之内，数字化身、像素世界将对数亿人产生巨大影响；更多来自不同社会阶层的人将在这里共同创造价值，最终虚拟世界很可能与现实世界别无二致。这一结果并非人类文明的黑暗，而是人类得到自古以来求索之物的光明。虚拟社会的出现并不代表着人类社会堕入了技术构建的虚幻之中，相反，它标志着一个新时代的开启。在这个新时代，人类将自由探索满足感和心理健康的崭新领域；人类根据个体需要调整经济模式和教育模式；在共同利益和共同经验的基础上构建人类新社区；人类将创造出一个比我们赖以生存的现实世界更加人性化的世界。

本书所描述的虚拟未来蓝图，总结起来就是一个重新赋权、公正且公平的社会。我相信，"后人类技术"的兴起将很快催生健全完备的虚拟社会，改变我们在地球上的生活方式，重新定义人类这一物种。在未来虚拟社会，你能在一下午的时间内运用先进模拟技术掌握一项新技能；在现实世界反复训练、失败十年才能达到的水平如今仅需两个小时；你还能参加容纳多至百万人的盛大庆典，任何一位参与者都可能成为关注焦点。虚拟世界居民曾一起走过数字变革进程，共同参与体验和游戏精神将使他们紧紧团结在一起。元宇宙的规模是任何现实活动都无法企及的，所有参与者将真正体会到自己是其中的一分子。

　　我与研究人员共同打造的虚拟世界，正是为了让人们获得上述实用且令人享受的体验而生。用户能与老朋友互动、结识新朋友、学习新技能、开启惊奇冒险之旅、参与公共社会服务。通过这些经历，人们可以再去寻求新挑战，表现创造力，不断提升社会地位，获得满足感和幸福感。驱动虚拟世界的先进计算技术能快速而精确地生成这些重大体验，就像为实现人类满足感量身打造的机器一样。

　　虚拟社会带给我们的并非只有精神满足。不久后，人们将在虚拟世界中从事各类工作获得收入，虚拟世界的工作在工资、可及性和满足程度方面与现实世界相差无几，甚至更胜一筹。虚拟经济的发展是大势所趋，将给人类社会带来变革。10 年至 20 年后，人类的文化、经济和社会将从传统意义上的"现实世界"转移到虚拟世界。

　　然而，虚拟世界的价值并非在于逼真的视觉、触觉等感官体验，而在于拓展人类社会新疆域、重塑人类生活，在于让财富、思想、身份和影响力等社会关系的基石在现实世界和虚拟世界之间自由转移。虚拟与现实的结合以及其中的价值转移构成了元宇宙。

　　本书是漫游虚拟世界和数字元宇宙的指南，它会为你讲述二者的必要性、重要性，以及它们能够改善人类社会的原因。首先，我将说明元宇宙为个体和社会创造价值的工作原理。有了工作原理，我们接下来要研究如何使元宇宙价值最大化。我希望超越商业和技术范畴，进入人文语境去探索这一问题。在过去、当下和未来，为何在虚拟空间内展开构想对我们来说如此重要？本书旨在系统地解释这一问题。除了投资人和创业者外，我在写作时也考虑到了科学家、监管者、历史学家、内容创作者，以及那些想了解元宇宙将如何影响日常生活的普通人。

你可以把本书当作一本基于历史的元宇宙理论手册，内容包含：如何定义元宇宙、如何衡量元宇宙效用、如何理解元宇宙与现有理论的相互作用。人类创造这些他者世界的根本驱动力是什么？元宇宙以数字形式诞生后，将如何发展？为何元宇宙对个人和社会如此重要？本书的前半部分将回答这些问题，并解释为什么说元宇宙不仅是互联网的未来，更是人类生活的未来。本书虽基于人类学与社会学研究，但并非意欲复制这些成果，只为证明他者世界具有重要效用是既定事实。

本书的后半部分将以微观角度来叙述元宇宙对人类生活的影响。为开发出公平、实用、高效且能让人获得满足感的元宇宙，我将提出一套基本原则。我将说明元宇宙的理想组织模式；在虚拟社会语境下考察社会、心理和经济价值间的联系；对元宇宙监管模式提出自己的思考。这部分重点在于阐明可将元宇宙价值最大化的参数，以及实现这些参数的最佳方式。

我对未来的愿景和预测从自身实践经验出发。在复杂虚拟世界和元宇宙基础设施的开发领域，我作为一名企业家和计算机科学家已深耕 10 年；在通往虚拟社会的道路上，我深知人类将面对怎样的科技难题和管理难题。更重要的是，我还与企业家、投资人和致力打造元宇宙的开发者们长期打交道，本书凝聚了他们传授给我的智慧。

在成长过程中，我在数字游戏里体验到了在现实世界里遥不可及的事物，这使我热爱思考与探索。我的经历和那些想逃离现实的玩家刻板印象截然不同。在游戏中，我总是想探索更多空间，开展更多活动，获得更多满足感；游戏结束后，我常会感觉到自身的转变。C. S. 刘易斯（Lewis）所著的《纳尼亚传奇》（*The Chronicles of Narnia*）里的孩子们穿过衣柜进入一个冒险世界，经历冒险后，他们获得了看待问题的新角度、新观点。看完这部电影后，我调查了无数衣柜，试图找到跨维度传送门。（最终却没能如愿以偿。）

幸运的是，在长大成人后，我能以开发虚拟世界为生，这让我更加确信虚拟世界拥有改善生活的能力，但前提是我们要在当下这个关键时间点花些时间厘清一个问题：除了娱乐或逃避现实之外，虚拟世界究竟能对个体和社会创造怎样的价值？在职业生涯中，我曾惊喜地发现虚拟世界在军事规划和军事战略方面能起到重要作用。我曾给现实世界的军队开发虚拟训练环境，这一经历使我更为确定这些模拟空间将对人类的各种领域创造不可计量的价值。

或许你对"元宇宙能创造价值"这一点心怀疑虑。毕竟，最近社会上各路专家总是把各类创新混为一谈，得出疯狂的预测结论。在他们的叙述中，虚拟现实、增强现实、人工智能、加密货币接二连三登场，当然其中还包括元宇宙。对于尚未完全诞生的技术和产品，整个社会都在不断猜想、激烈争论、互相打赌。专家和预言家们的言论总是具有强烈倾向性，丝毫不考虑所持观点是否准确、是否是未来社会的最优解。而人们在决定资助、建设与使用哪些规划与项目时却往往参考这些专家的观点。

结果就是，"科技预言家"们虽可以大致预测到社会变革总体趋势，但他们描述的变革过程和细节往往大错特错。想想众多互联网公司的崩溃与消亡吧，这些公司虽然身处正确的领域，但却不知如何去创造价值。当一项新技术诞生后，它最为狂热的推销者都不能明确解释技术的目的和作用，那么，它必然无法为公众提供最佳服务。描述未来世界的语句若急切但模糊，往往会滋生嘲讽和怨恨。这就是目前元宇宙的社会风评。

在媒体、企业家和投资人的脑海中，虚拟世界的概念主要建立在对电子游戏、商业和娱乐产业的理解之上。许多人坚称元宇宙是人类社会的未来发展趋势，但在谈及定义和重要性时总是含糊其词，这着实令人恼火。他们借助了各类科幻作品来展望元宇宙的未来，如电影《黑客帝国》（*The Matrix*），或尼尔·斯蒂芬森（Neal Stephenson）和威廉·吉布森（William Gibson）创作的书籍和故事。如果有人非要问清楚确切定义，这些人就会将元宇宙描绘成一个具有高度交互性、高分辨率的 3D 空间，用户可以在其中购物、游戏、约会、学习和恋爱。

在我看来，这些理论框架非常片面，过时且肤浅，只关注表象，而非成因；只关注事物本身，而非目的；只关注具身的电子空间能带来怎样的机遇，而非构建元宇宙的根本原因。人们如果想在元宇宙里创业、实施监管，或者只想了解未来变化趋势，这些认知空白将会产生许多问题。如果我们不能对虚拟世界的价值和功能进行充分探讨，那么整个元宇宙的概念都会变得虚幻且肤浅。

宽泛和浅薄的思维模式将抑制我们感知和塑造未来的能力。为了未来发展，我们必须具备更加明晰的、植根于社会价值而非公司利润的理论；我们必须熟知为什么要建造元宇宙，为什么元宇宙的未来值得人类去努力。明确上述问题之后，我们就可以参照理论蓝图，建设一个最大限度代表人类、服务人类的世界。

在本书中，为阐明元宇宙对个人生活和人类社会的作用，我将重点叙述人类建设元宇宙的原因。据我预想，元宇宙将会为用户和整个世界创造无数社会、心理和经济价值。包罗万象的虚拟社会将会改善而非取代我们的现实生活。与文字和计算机一样，元宇宙的形成将成为人类历史上的另一个重大转折点。人类自古以来一直通过发明文化技术来改善生活、改善社会，元宇宙也彰显了这样的抱负。

人们似乎无法理解，文化其实是以非线性的方式去适应技术的。如果有人在互联网出现之初告诉各位投资人，20 年后，人们能用粗糙的 JPEG 文件换取数百万美元、每顿饭前都要拍照记录、可以匿名开发区块链系统，那么根本没人会相信他。技术变革的速度和方向自行其是，我们与其预测未来技术的形式，不如思考它们将如何影响人类生活。如果投资、监管和基础设施领域的权威人士不具备智能、包容的理论模型及负责、积极的思维方式，那么建设元宇宙的过程之中将产生许多浪费以及非受迫性失误[1]。因此，避免这些陷阱十分重要。

如果你希望对不远的未来一探究竟，那么我将在本书里倾囊相授。我刚入行时，在学习和工作中非常期待获得指导，如果当时能有一本这样的书那着实是雪中送炭。所以我希望你能够阅读本书，让它指引你去理解元宇宙、理解人类想在元宇宙中获得的东西。我相信，元宇宙将开启最重大的社会变革，成为最重要的历史转折点之一。我们将同时生活在多个现实之中，从根本上突破我们祖先的生活模式。越来越多的人参与到元宇宙中，由此会诞生一个全新的人类社会。在未来，元宇宙将改变我们对于人类这一物种一知半解的认知。当所有人类最终都在虚拟世界中生产、生活之时，每个人将从"生活在地球上的一个人"变成"生活在多个世界的元宇宙人"。

我们进入后人类未来的旅程植根于历史。元宇宙绝不仅是一个能在技术投资者面前炫耀的"小玩意儿"，人类自出现以来就有创造世界的诉求，元宇宙则是这种诉求在现代的投影。几千年来，人类一直致力构建他者世界，为这些世界赋予重要意义，并利用它们为地球上的人类创造社会和心理价值。当未来的我们阅读本书时，可能都变成一个个脱离身体的人。为了理解未来为何是这种模样，我们必须先回到遥远的过去，回到金字塔、巨石阵被创造之前，一直追溯至人类历史长河的发源地。

---

1 又称主动失误，从网球比赛中衍生而来，指自身主动失误，与其他因素无关。——译者注

目录 CONTENTS

第 一 章

古代的元宇宙

在今天土耳其安纳托利亚东南部的岩石平原上，矗立着直径 30 米的古老遗迹。这里有许多 T 形石柱环绕着围墙，上面刻有精美的动物形象，其中一些高达 5.5 米。这个遗址被称为哥贝克力石阵（Göbekli Tepe），目前考古学家已经在石阵中发现了超过 240 个石柱，截至我写作之时，他们仅挖掘了整个遗址的一小部分。这些巨石是新石器时代的使者，让我们窥见了人类历史早期时代，也为人类未来提供了启示。

在一万多年前哥贝克力石阵建成之时，我目前所处的英格兰西南部还是冰原一片，猛犸象还未灭绝，农业也未开始普及。然而，在英国巨石阵（Stonehenge）建成前 6000 年的史前社会，史前人类却建造出规模宏大、雕刻精美的哥贝克力石阵。

他们究竟为何要如此大费周章？在当时，它并无任何实际作用。我们自然会想到，史前人类打造石阵是出于对他者世界的信仰。

据我们所知，哥贝克力石阵所展现的他者世界并不存在。为了打造这个虚拟世界，当时还以狩猎采集为生的人们却需要付出巨大代价——花上千年的时间搬运大量石块。考虑到新石器时代安纳托利亚地区的严酷环境，如此庞大的任务绝非一时兴起。在一万多年前以游牧为生的人类社会看来，他们努力打造的虚拟世界可能与现实物质世界地位相等，甚至更加重要。

或许你会认为哥贝克力石阵只是遥远而陌生的历史遗物，但我却认为，它展现了一种人类最原始的热忱，一种我们今天仍在不断践行的热忱。与其说是石块，不如说是人类的聪明才智组成了哥贝克力石阵。人类被生命和死亡赋予了想象，通过协商，集社会全体成员之力，从无到有建造出了一个虚拟世界。一万年以来，人类已在求索之路中掌握了构建真实的方法。

人类是热衷于幻想世界的物种，自出现以来就不断利用各种巧妙手段试图存在于物质和想象的现实之中。几千年来，人类构建世界的方式与语言和想象力同样丰富。人类通过建造石柱构建想象，通过语言描绘虚拟世界，并用集体信仰来维系它们。

乍一看，尘土漫布的哥贝克力石阵像是古老陌生世界的遗迹，但如果靠近观察，你将发现一个充满图像和意义的世界，充斥着几何图案、蝎子、咆哮的野兽、姿态优美的秃鹰和无头人。如此错综复杂，雕刻者想描绘的神话故事一定意味深长，他们的信仰也一定与日常生活紧密交织。

哥贝克力石阵展现了虚拟世界和日常现实间的动态相互作用，

而本书讨论的虚拟世界也绝非空中楼阁。虚拟世界亦是现实存在的，能为现实世界提供财富、权力和个人身份。今天的我们与祖先相同，之所以构建并栖居在他者世界，是为了获取满足感与价值，改善物质生活。我们不再用石柱去标记通往虚拟世界的大门，而是创造出从一个世界传送到另一个世界的电子大门。

虽然我们构建虚拟世界并不总是有意识的行为，但在过程中使用的技术却深刻影响着全人类。本书主要阐释人类构建世界的天赋将如何塑造未来，以及即将到来的虚拟社会时代并非全新而陌生的概念，而是自古以来人类内在需求的延续。在我们向未来进发之前，让我们先了解一下过去，仔细研究什么是虚拟世界和世界创建（worldbuilding）。

▶ 当文字构成世界

创造现实模型是高级思维的重要组成部分。为了生存和发展，在制订计划、做出决策时，我们必须拥有简化、实验和模拟结果的能力。在此过程中，我们用思想创造了一个不同于具身现实但与其相通的世界。对于人类的语言和认知来说，这个过程着实司空见惯，以至于我们鲜少能停下来认真思考它在日常生活中的核心地位。

路德维希·维特根斯坦（Ludwig Wittgenstein）在《逻辑哲学

论》（*Tractatus Logico-Philosophicus*）中写道："语言的界限就是世界的界限。"我们用语言表述思想中的世界，由此创造让他人也可以使用的社会模型。我们可以说："语言创造世界"。"想象一个更好的世界（visualize a better world）"——比如一个和平是常态的世界——这一常见短语从根本上意味着虚构一个理想化的世界，然后用它去塑造地球上的现实。

人类共同的世界创建能力能构建出丰富、细致、跨越时代的虚构世界，取得惊人的成果。例如许多宗教具有巨大社会效用，但同时也能给人类带来持续性创伤。人类创建世界是为满足自身需求：解释无法理解的事件、使某些行为正当化、为生活加上兴奋点，或只是创造秩序用以规制生活中的混乱和危险。一旦人们开始相信他者世界，他们的信仰便会扩展他者世界边际，使这些世界活灵活现、越发逼真。

虽然世界创建过程妙趣横生，但我们费尽周折并不是只图一乐。我们是要为个人和社会创造目标。没有目标，人类社会便无法运转。社会利用文化与想象的具象世界来创造共同理想，处理复杂人际关系，控制贪婪和野心，引导人类走向更为崇高的彼岸。如果没有共通的文化，也没有能收集聪明才智、创造共同体验的社会结构，那么，现实世界将沦为生存至上的残酷之地。

人类学家克洛德·列维－斯特劳斯（Claude Lévi-Strauss）写道："神话即语言，在孕育它的语言之土上不断翻涌，但其发挥作用的方式是'脱离'语言土地到达更高层面。"各类神话世界"脱离"

地面，成为社会构建的现实，成为他者世界，其真实性与重要性依赖各级社会成员共同捍卫。这些虚拟世界因共同协定而诞生，意义重大。

人类构建他者现实并非为逃离物质现实，而是为延伸物质现实。我们能够在这里优化和改善社会结构。即便今天，这些虚拟的世界和事件都能够丰富、拓展和影响人类的经济、文化和日常生活，其中包括人们出于信仰他者世界而创造的艺术和文化。西斯廷礼教堂（Sistine Chapel）的穹顶画既是现实世界的无价之宝，又同哥贝克力石阵一样，是通往宗教虚拟世界的大门。

现代金融市场也属于人类为自己构建的他者世界。财富和声誉由社会大众赋予资产多少价值和权力的意愿决定，除此之外，这些资产本身往往不具备内在价值。由意义构建且持续焕发生机的虚拟世界还包括职业体育界。我们不妨想想粉丝为偶像表示忠心付出的巨大努力。尽管比赛结果并不会对日常生活产生直接影响，他们还是时刻与家乡俱乐部的命运"同生共死"。影响力巨大的体育比赛能短暂改变现实，解决或升华社会问题。如果某个资源匮乏的国家能在世界杯比赛中击败富裕国家，那么这场胜利将会对本国大众起到抚平创伤、激发自信与自豪感等重要作用。体育比赛是凝聚社会成员的重要机制。

这就是意义构建的世界所具备的巨大力量：这里的结果比现实更为重要，还能创造出可超越现实的真实价值。表现这种转移过程的一个明显迹象是，物品的价值并非取决于有形价值，而取决于其稀有或特殊程度。都灵圣体裹尸布[1]（Shroud of Turin）之所以无价，不是由于布料本身，而是由于宗教信仰。无价，表达出人们对他者世界的信仰在现实世界的分量。都灵圣体裹尸布是一个虚拟物品，其功能与今天许多人无法理解的数字艺术作品相同，是某个虚拟世界中独一无二、不可替代的无价之宝。

虽然把都灵圣体裹尸布比作非同质化代币（non-fungible token，简称 NFT）似乎略显牵强，但是，历史遗物和现在及未来的虚拟物品，通过宗教仪式进入的虚拟世界和通过 Wi-Fi 访问的数字世界，二者并不像人们预想的那样存在天壤之别。

我认为，社会构建的现实是一种原始的元宇宙，它们存在于每片人类曾定居的土地、每个人类社会、每段成文史中。这些现实通常由几个元素组成：一个人类社会或群体；包含事件、身份、规则等其他现实事物的另一个世界或现实；上述两项元素间持续的价值转移，如成就感、财富和意义等。

在宗教信徒看来，这些世界并非虚构，这里实际存在且因果相连，各种事件千真万确地发生过。随着时间推移，它们在宗教信徒脑海中逐渐成形，其重要性和持久性与日俱增，其真实程度和所代表的意义与现实世界基本相同。这些世界的价值以社会结构、社会凝聚力、身份概念、变革和宗教仪式等形式转移到我们所处的世界，成为真实且有用的思想观念，不断索要并奖励信徒们的智力投

1　被认为是用来包裹耶稣尸体的布，保存于意大利都灵一座小礼拜堂中。——译者注

入和情感投入。

历史上相关事例浩如烟海。古往今来，在各大洲有数十亿人都相信人类世界附近居住着妖怪、精灵、女巫、鬼魂等奇异生物。这些观念塑造着人们的日常生活，在一定程度上也塑造着人类社会。为预测神明意志，古罗马人会分析动物内脏或研究鸟类行为，并献上祭品和雕像以示尊敬和安抚。如果没有妥善举行战前仪式，古罗马人会拒绝参战；如果占卜为凶，他们就直接回家直至占卜结果变好，甚至在商业中也是如此。

J. F. 比尔莱因（J. F. Bierlein）在《平行神话》（*Parallel Myths*）一书中研究了有史以来世界各种人类文明创造神话的相似之处。比尔莱因指出："神话是所有时代、所有人种都具备的常量。许多神话的模式、情节，甚至细节都很类似。"现代和古代的元宇宙之间有很多相同点，它们往往是在相同的时间段被不同社会和群体创建的，而这些社会和团体之间并没有交流的手段，这足以表明创造世界的行为是一种人类本能。20 世纪 70 年代，人类学家查尔斯·劳克林（Charles Laughlin）和精神病学家尤金·达奎利（Eugene d'Aquili）提出，人类大脑拥有"认知需求"，需用神话和仪式来凝聚集体、传授经验、解决矛盾。近来，达奎利和神经科学家安德鲁·纽伯格（Andrew Newberg）利用功能性磁共振成像（fMRI）技术证实，宗教的他者世界可以满足人类某些基本神经需求。

人类学家布罗尼斯拉夫·马林诺夫斯基（Bronisław Malinowski）在《原始心理与神话》（*Myth in Primitive Psychology*）中写道："（这

是）一种特殊的故事……并非产自闲情逸致，既不是虚构，也不算真实。但对当地人来说，它是一种原始的、与现实相关又在现实之上的叙述，决定着人类的生活、命运和行为。"尽管马林诺夫斯基具体指的是特罗布里恩群岛（Trobriand Islands）上美拉尼西亚（Melanesia）部落的世界创建活动，但此观点也同样适用于更靠近现代的文明。全情投入共同想象的世界是古老而普遍的人类行为，让想象世界在现实世界扎根并创造价值也是人类本能。异世界传说常常告诫人们实用的道理：不要喝这口井里的水，不要在晚上进入森林。他者世界的价值不止于此。世界创建是人类一项基础技能，其重要性不亚于火、语言、农业等。

虚拟世界从不只是游戏，在虚拟世界中开展构想、创造和角色扮演等活动不只是为了娱乐。从古至今，它们都是人类的伟大成就，是文化技术的单位，为社会创造大量内在和外在价值。在今天，我们开发的数字元宇宙也只是历史长河众多元宇宙中最新的那一个。哥贝克力石阵和未来沉浸式数字世界之间的联系，可能比你想的更加紧密。

▶ 金字塔的意义

4000 年前，在距离哥贝克力石阵几百英里（1 英里 ≈ 1.61 千米）的吉萨（Giza），人们开采并组装了无数石块。古埃及第四王朝将人类与生俱来的世界创建能力发展到了新高度，他们的文明认为神明以法老身份真实存在于地球；死后世界比生前世界更加重要；埃及法老去世后将在来世和众神在一起。几个世纪以来，奴隶和工匠们在沙漠中竭尽全力为法老打造陵墓——金字塔。虽说居住者是死人，但金字塔里却包含所有生活必备设施。

在古埃及社会，许多人出于信仰，把自己的一生都贡献给了他者世界。约翰·H. 泰勒（John H. Taylor）在《末世之旅·古埃及死者之书》（*Death and Afterlife in Ancient Egypt*）一书中指出，古埃及人为了来世幸福可以牺牲日常生活。例如古埃及人（包括富人在内）的房屋大多采用芦苇和木头等易腐材料，但坟墓用的是能存在很长时间的石头，象征着死后世界的永恒。

金字塔既是古埃及文明的灿烂遗产，同时也维系了该文明在今天的勃勃生机。如果我们从绝对理性角度思考的话，这些古埃及人花费大量时间、资源和精力打造之物并无现实功用。如果从地缘政治角度看，在沙漠中建造一堆巨大而无用的金字塔或许能展示出法老所拥有的军事力量。若把建造吉萨大金字塔的时间用于科技发展，那他们的生活质量将会得到实质性改善。

也许这一切只是古老社会原始民族的迷信行为；从生产力至上的今天来看，金字塔可以欣赏，但不值得模仿，但这种观点不仅毫无艺术思维，而且存在局限性。生产力不是衡量社会价值的唯一和最佳标准。虚拟世界的主要产品不是客观存在的"东西"，因此在这里，"生产性"和"非生产性"的二元对立观并不适用。如果你坚持仅以生产效用看待世界，那你既无法理解历史，也无法创造理想的未来。

其实我们不必从宗教和神话角度理解古埃及人对来世的迷恋，而是可以将它视作高度理性的社会选择。他者世界不仅能吸引、凝聚社会成员，还能产生巨大的社会、文化和经济价值。即使到了今天，我们也能欣然接受此种观点。金字塔巍然屹立、雄伟壮观，作为文化遗产所创造的价值无可争议，难以想象有人会轻率地将它们总结为资源浪费。

元宇宙如金字塔一般，也是伟大的文化和技术工程，需要耗费大量精力、时间和心血去建设。其反对者的主要论点是它会使人类远离真实世界，但我认为，元宇宙将创造出能转移到真实世界的巨大价值，受益范围不局限于建设者和权威者，而是整个社会。

为理解数字构成的虚拟世界如何在普惠方面胜过"前辈"，我们需要观察几千年来的虚拟社会造福人类的方式。你的脑海中也许已冒出了几个例子。正如世界上各大宗教的创世神话一般，虚拟世界能协助我们解释现实世界。社会领袖使用或滥用宗教世界为自身行动寻找正当理由。这些世界以文化价值、人伦道德等方式塑造大众认知，同时还能为维系它们的现实社会提供经济价值。例如粉丝对球队的崇拜能为烦闷的日常生活增添活跃和刺激（购买球队服装，或购买门票亲身参与大型比赛等）。

虚拟世界的娱乐功能虽非其主要社会功能，但却不容忽视。许多虚拟世界从神话或故事中诞生，它们能帮助某些社会单位度过漫长的黑暗时刻，起到凝聚和慰藉作用。在其中，讲述者与聆听者、作者与读者、主动创作的艺术家与被动的听讲人之间呈分隔状态。而由人类共同智慧构成的虚拟社会模糊了两者界限，让每个人都积极参与到故事中去，让所有角色都成为主人公。虚拟社会并不是一个故事，而是一个世界。

创建世界是具有极大吸引力的沉浸式过程，参与者运用创造和解决问题的能力来满足创造行为（ingenuity）这一人类最基本的乐趣。一旦世界规则被创建出来，那么所有输入世界的新事物都必须在这个规则框架内活动，不可无视现存信息。无论新内容富有怎样的创造性，为与世界相兼容，仍需遵守规则。

神话或故事是固定叙述，但虚拟世界是活跃的，能反作用于物理世界。其中发生的事情让信徒们深信不疑，由此可影响现实。他们还可以划定和扩展虚拟世界的边际，并通过言行创造意义和秩序。罗伯特·莱布林（Robert Lebling）在 2012 年出版的《火灵传说》（*Legends of the Fire Spirits*）一书中写到了精灵（*jinn*）在阿拉伯文明中的持续影响，还进一步阐述了精灵信徒们建立魔法王国的方式。他写道："精灵在世界上栖息繁衍，像人类一样分为男性和女性并且组建家庭。他们拥有个体意志，自由做出人生选择。有的信奉上帝，有的不信上帝。有的成为叛逆者，被归为恶魔或食尸鬼；有的信奉宗教，过着如传统人类一般的'正常'生活。"他们赋予精灵一系列人类特征，使魔法世界更加平易近人，为使更多人接触魔法世界创造了切入点。

这种动态的、有参与感的虚拟世界在西方文化中屡见不鲜。一个典型例子就是基督教信徒死后想到达的天堂：它"真实存在"，人类在生前无法进入。几个世纪以来，罗马天主教会把一些已故信徒封为圣人记入圣人历，得到一份不完整的天堂居民名册，以此证明这些虔诚的灵魂已升入天堂。此外，教会还指定了地球各事业的主保圣人[1]（patron saint），曾向圣安东尼（St. Anthony）祈祷寻回失物的人们都知道。[2]

这些创造为虚拟世界扩展边际、增添效用。在《平行神话》中，J. F. 比尔莱因引用了心理学家和哲学家皮埃尔·让内（Pierre Janet）的观点："诸神若不语，宗教则不存。"这意味着他者世界如果不能与现实世界互动，对人类来说将毫无作用。主保圣人为天堂和人间的互动创造了更多机会，有助于维系两个世界的存在。虚拟世界和现实世界沟通的内在价值在于使现实事件得到认可，从而改变现实社会。

圣人历的创作者是大众，其中发生的事件和人物也被大众认可。如果一个虚拟世界能超越自身建设者保持活跃状态，且拥有受到每个人认可的历史，那么追随者将把它放到更高的位置。例如今天的世界杯比赛结果之所以重要，部分原因是因为历史上其他获胜者的优秀；今天的结果与昨天的结果同在，这种连续性将不断坚定球迷对世界杯的信仰。把成果记录下来以供大众查看的过程也加深

---

1 通常用于教会所期望保护的某地区、人、职业、团体或特项活动。——译者注
2 圣安东尼是失物者的主保圣人。——译者注

了人们对这个世界及其中信息的信任。当下，去中心化账本或区块链能让人们信任所记述的内容和所有权。从这个角度思考，世界杯与区块链的世界并没有那么不同。（第七和第八章将具体讲述区块链和元宇宙）。

到现在为止，我们已得出结论：人们通过创造行为扩展虚拟世界边际。创造行为为何重要？它的目的是什么？创造出一些戴帽子或不戴帽子的精灵对社会来说有什么作用？他者世界对其建设者和人类社会能带来什么样的益处？

农业和建筑是人类生存和发展的基础，世界建设也是如此。当一个故事发展成为一个可以探索和塑造的世界，它的价值就超越了娱乐，开始为参与者提供心理价值。虚拟世界的参与者需要通过实用性质的创意行为来获得内在满足感。

因此，社会构建的现实是人类为安排、丰富生活而创造的文化技术，是社会事务的场所之一。体育赛事的输赢影响国与国之间的关系，可视为一种外交方式。社会赋予某些人名誉，大众便争相效仿这些人的行为模式。我们向普通事件注入意义，利用"他者世界"放大日常生活的心理价值。内心深处某些东西迫使我们"在虚拟世界中游戏"，用社会意义打出"虚拟分数"。这些需求越得到满足，它们就越对我们的精神和情感产生积极影响，这种积极效果在某种程度上就是金字塔的意义所在。古埃及人通过构建他们的古老元宇宙，寻找到了生活的积极意义。

长期以来，神话学家认为神话给予人类生活以结构和意义，当神话演变为虚构的世界时，它的意义也随之加深。随着相信这个世界的人变得越来越多，它满足需求的能力也越来越强。反之，长期维持一个虚拟世界不可能仅靠少数追随者，如一项全球体育运动与我和 9 个朋友常玩的小游戏，二者差异极大。我们发明的游戏能让人全身心地沉浸其中，或许也挺好，但影响力仅限于这 10 个人，所以它只能被归为小众爱好，社会功能十分有限。而一个能持久且广泛提供价值的虚拟世界需拥有足够庞大的活跃群体，大到可以被称为社会。跨过这个门槛，心理价值就能转变为影响广泛的社会价值。

社会学家埃米尔·杜尔凯姆（Émile Durkheim）把集体兴奋（collective effervescence）定义为，一群参与同一仪式的人群共有的情感提振体验。这一体验把生活区分为神圣和世俗两部分。生活的世俗部分包括日常行为，经常接触的人和物，任务、工作和责任，等等。它们耗费大量时间，但我们却无法从中获得兴奋和快乐。换句话说，世俗即为平凡。而生活的神圣部分恰恰相反，它与世俗分隔开来且不常见。当一大群人聚集在一起举行庆典、纪念或宗教仪式时，他们的共同信念能够创造集体兴奋，提振、改变参与者情绪并将所有人联结在一起。我们只需在"超级碗"或世界杯决赛期间查看推特，就能观察到一个社群因共同关注的社会构建现实而凝聚在一起的景象。

这种仪式功能在社会生活中也具有实际作用。从历史来看，仪式创造了通往虚拟世界的大门，仪式参与者形成了交融

（communitas）。人类学家维克多·特纳（Victor Turner）把交融定义为，一种与支配日常生活的等级结构相关的人性和归属感。那么当结构被颠覆时，虚拟世界将会发生什么？在观察赞比亚的恩丹布部落两年半之后，特纳写下了《仪式过程：结构与反结构》（*The Ritual Process*: *Structure and Anti-Structure*）一书，他在前言指出："为了生存、呼吸、创造乐趣，人类不得不去创造……时间和空间的阈限——仪式、狂欢、戏剧以及后来的电影——（它们）对思想、情感和意志开放；其中一些绝妙思想有足够且可靠的力量推翻当下以武力支撑的社会和宗教模式。"

如果我们都相信精灵真实存在，那么我们就为社会和现实提供了另一种秩序，创造出了一种"反结构"。此种秩序内的等级制度和优先事项均与现实社会有所不同。这种反结构欢迎不同于真实世界的思维，即非线性的、天马行空的、幽默的、僭越的思维。从结构到反结构的变化解放了仪式的参与者，鼓励他们用不同于以往的角度去思考、感知和创造。接下来，他们就可以将这些产出转移到现实世界了。

哥贝克力石阵就是其中一个案例。学者们虽不清楚搭建石阵的确切动因，但能够确定它具有宗教性质。同金字塔一样，我们可以跳出宗教或迷信去理解哥贝克力石阵所表达的平行现实。2008 年《史密森尼》（*Smithsonian*）杂志的一篇文章写道，挖掘哥贝克力石阵的考古学家推测，12000 年前人们为建造石阵所做的努力和社会协调工作，或许催生了同时代的"新石器时代革命"，使人类由狩猎采集过渡到定居某地的状态，发展出较为复杂的社会结构。换句话说，石阵最开始可能用于崇拜仪式或向某一未知精神领域发出信号，但它却为地球带来了崭新的文明时代。

▶ 当世界成为元宇宙

哥贝克力石阵改变了新石器时代的人类文明，这体现了虚拟世界最主要也是最重要的社会功能：在两个世界之间转移和转化价值。这里我们也可以用宗教仪式作为案例。许多仪式的参与者通过食用动物等祭品来表示对神明的崇拜。宗教世界的信徒们赋予动物肉体意义，因此与进食晚餐不同，在仪式中，吃肉的目的不是摄取卡路里，而是在两个世界之间建立桥梁，意义和价值通过这个行为从一个世界转移到了另一个世界。

虚拟世界不是一个固定的故事，其中的内容被创造者赋予一定程度上的自主性，神明和精灵们的思想有时也和人类不太一致。罗伯特·莱布林写道："在伊朗，人们恐惧精灵的报复行为……如果有孩子突然开始哭闹或表现出惊恐，许多伊朗人就会认为这个孩子一定伤害了某个精灵婴儿，精灵婴儿的母亲正在进行报复。如果孩子母亲在场，她需要在孩子坐过的地方挤出一些母乳，这种行为代表着慷慨，能平息精灵婴儿母亲的怒火，使人类的孩子不再受到惩罚。"随着虚拟世界不断发展，虚拟世界的信徒不断增多，创造物将反作用于创造者所在的社会，而信徒们的行为从创造虚拟世界演变成与虚拟世界对话。

随着对话持续进行，价值通常从仪式或体验出发，由此扩展，不断从虚拟世界转移到现实世界。正是这些世界间的对话推动了哥贝克力石阵的建成及其仪式功能的产生。为建造石阵，游牧的人们需要定居下来，建造村庄，这就引发了社会结构的变革。

虚拟世界会以我们在创建时未曾设想的方式影响现实世界。我们只能合理预测：如果我们以足够的热忱信仰虚拟世界，给予虚拟世界足够的发展时间，它将会在本质上改变我们的世界。你甚至可以说，我们创造他者世界就是为了改变现实世界。如果说历史上的人类在无意识的状态下构建出虚拟世界，那么在今后的数字时代我们会有意识地开发出体验多样且意义丰富的虚拟世界，这些世界可以与我们的世界相互对话，改变现实世界，实现它们自身的价值。这种双边价值交换使各个世界构成了一个元宇宙。

我认为，元宇宙的根本性质就是对话。它是一种由多个世界组成且能使各世界进行价值交换的结构（我将在第五章提出一个更全面的定义）。最基础的交换无须先进科技或数字模拟技术。就像在仪式中食用肉类一样，社群集体认同他者世界的价值，世界间的价值交换就可以实现。共同信念使他者世界引发现实世界的变化。

魔法、神迹和奇异生物是人类历史上的一个永恒话题，也是社会构建的现实的绝佳案例。在这一话题中，人们对异世界的存在及重要性的信仰增强了这个世界的真实性。在历史上，许多冰岛和法罗群岛居民相信"隐身人"（Huldufólk）的存在。"隐身人"是人形精灵，生活在一个可与现实世界互动的平行世界。只有"隐身人"愿意出现时，人类才能看见他们的真身。据说他们能主宰丰收和饥荒；还喜欢在圣诞节期间举办盛大聚会。他们的世界与我们的世界很相近。

对"隐身人"的信仰并不只是冰岛人单纯无知时期的历史遗产，它在今天的冰岛依然比较活跃。许多调查显示，相当一部分冰岛人认为"隐身人"可能真实存在，而很多记者认为，这些调查常常低估了冰岛人对"隐身人"文化的投入程度。2013 年，一群信徒起诉了雷克雅未克郊区至阿尔夫塔内斯半岛的修路工程，称这条公路会穿过精灵居住地。《独立报》（*The Independent*）注意到，"隐身人信徒常打乱施工计划，道路和海岸管理部门甚至形成了一套话术，用于回应精灵相关事宜的质询"。

"隐身人"世界是一个社会构建的现实，即使在今天也能影响到冰岛人的日常生活。虽然为了精灵而抵制施工的行为在有些持怀疑态度的人看来可能会是妨碍社会进步，但即便精灵并不存在，那条公路也会打扰许多动物的栖息。2020 年，布林迪丝·比约尔格温斯托（Bryndís Björgvinsdóttir）在《乔治敦国际事务杂志》（*Georgetown Journal of International Affairs*）上发表的一篇文章中指出，在今天的冰岛，"对精灵的信仰似乎只体现于抵制改变自然环境的建筑工程。自然的神圣不可侵犯引发了人们对自然价值、地球环境和人与自然的未来的探讨"。精灵的存在有助于激励环保者们做出现实的努力。

他者世界为现实世界的行为提供动机，价值通常以这种方式在世界间转移。我们再看一个例子。公元前585年，此时米底人（Medes）与邻国的吕底亚人（Lydians）交战已有六年之久，短暂冲突早已演变为消耗战。希罗多德（Herodotus）在《历史》（*Histories*）中写道："米底人和吕底亚人均取得了累累战果。"在将士们看来，能叫停这场战争的或许只有神明。

交战双方在今土耳其地区对峙之时，"神迹"发生了。据希罗多德描述，战斗刚刚进入白热化阶段，突然间，一个黑影爬上了太阳。没过多久，战场就陷入黑暗之中。这虽然只是一次日食，但当时参战的将士们认为，白昼瞬间变为黑夜是众神不悦的象征。希罗多德写道："米底人和吕底亚人立刻停止战斗，都想尽快进行停战谈判。"他们很快就签订了和平协议，哈利斯河（Halys River）被定为米底和吕底亚边界；吕底亚公主与米底王子订下婚约，两国圆满达成和解。从此，人民过上了幸福美满的生活，直到35年后米底人被波斯人征服。

我们可以考虑一下达成和平的必要条件。米底人和吕底亚人必须都认同以下几点：第一，"神域"存在，且能与现实世界相互沟通；第二，"神域"居民对地球发生的政治动荡抱有浓厚兴趣；第三，"神域"作出的决定对地球会产生切实影响；第四，为安抚"神域"决定的执行者，他们需要改变计划或行为。

这些条件的达成带来了大量积极结果，使得一场持续六年的战争戛然而止。米底人和吕底亚人只是相信神明为表示不满将白天变为黑夜，就拯救了无数人的生命，还促成了一桩姻缘。实事求是地说，经过六年僵持，交战双方很可能只是厌倦了战斗，想找个合理借口结束战争，但如果没有双方的共同信仰，日食也不会成为停战的借口。

后来的人们将这场战争称为"日食之战"（Battle of the Eclipse）。它不只是信仰的偶然结果，还是古老元宇宙的产物。在这个元宇宙中，物理世界发生的事件是虚拟世界的投影；而这些事件反过来影响物理世界的人们，改变他们的行为。不断对话的两个世界哪个更重要，谁也说不准。

▶ 奥林匹斯的局限性

我曾在前言中说过，我认为人类很快就能建立起存在感十足的沉浸式数字世界，它不仅拥有逼真的外观和体验，而且与现实世界同样重要。元宇宙未来将为各类人及社会提供前所未有的满足感、意义和价值，还能使我们构建出比以往更加透明和民主的世界。

虽然本章主要讨论的是历史上人类建设和维系的虚拟世界，以及元宇宙的积极社会影响，但并不是每个虚拟世界都对我们有益，也并不是每一次价值转移都能得到积极结果。历史上曾有一些黑暗、扭曲的元宇宙给世界带来了恐惧和压抑。有些心怀不轨的人曾利用它们以获取控制他人的权力，进而谋取私利。这些暗黑世界的特点几乎一致：规则和优先事项缺乏透明度；社会发展趋势不明且多变；严格限制仪式的功能和参与行为。据皮埃尔·让内所说，此时他者世界的神明不是不再对凡人说话，而是只有少数人有权聆听和解释神明的旨意。

我们可以从这个思路出发去思考 17 世纪马萨诸塞州塞勒姆市弥漫的巫术恐惧。1692 年和 1693 年，马萨诸塞殖民地为消灭女巫举行了一系列审判和处决。从今天来看，巫术并不存在，消灭女巫行动只是一场集体性癔症、厌女症，也许还有麦角中毒的暴发。

然而在当时，塞勒姆人大多都相信世界上有巫术，女巫就在人群之中——毕竟，连法官、传教士等通情达理和地位崇高的人都这么想。而被冠以从事巫术罪名的无辜百姓却无法逃离审判、躲避苦痛。整座城市的居民都认为巫术世界将给地球带来黑暗，而身边的朋友和邻居就有可能是女巫。塞勒姆人民活在这种黑暗的虚幻现实中整整两年，他们无法通过意志使女巫离开，所以决定审判并杀死她们。而想要一个东西死去，首先它得存在于世。

塞勒姆之所以臭名昭著，并非只因为 17 世纪后期塞勒姆居民的集体性癔症，也因为塞勒姆宗教和司法机构对女巫身份的独裁。当只有少数人拥有话语权时，他者世界将很快变质。在活字印刷术在欧洲普及之前，欧洲的宗教文本大多用拉丁文写成，并严格由神职人员保管和使用。在那时，很少有人能读到详细记载他者世界的活动和中心事项的"天堂账本"。只有权贵才有权力阅读。

哈利斯河上空的日食对所有人可见，但在古代，还有许多"神明旨意"普通人根本接触不到。一群祭司利用脏卜[1]等外行人无法理解和习得的占卜技术，掌控着进入奥林匹斯、通晓神明思想的权力。一旦他们断言神明世界发生了何种事件，大家就会深信不疑，一边盲从，一边编造故事。

奥林匹斯世界的局限性主要表现在，对大众来说，一个被动性质的虚拟世界所能输入和输出的价值有其上限。活动范围和意义赋予都极不民主。大众和诸神间横亘着巨大屏障，他们能找到你，你却不能找到他们。你无法到达奥林匹斯，也无法亲自找寻真理。作为一个普通人，你只能聆听别人讲述奥林匹斯和诸神的故事。换句话说，你被完全剥夺了与他者世界沟通的权利，而一个普通人被剥夺权利的世界从根本上来说是一个机能失调的世界。

本书主要讨论的虚拟世界是数字元宇宙，它能够在满足人类内在需求的同时改进古代元宇宙的缺点。数字构建的元宇宙是一个影响巨大、持久存在的具象化世界，支持大量用户参与其中。它将能够满足参与者的心理需求，能像古代元宇宙一样影响现实以及创造价值、转移价值。

现代与古代虚拟世界之间将存在许多不同之处。我们用计算机代码创造的世界将比前人创造的更加复杂、更具沉浸性、容量更大、更易进入。你能完全理解这里的内容，不用大祭司来告诉你发生了什么事件、意义何在。这里的规则可被理解与拓展，你能找到

1　指通过分析动物内脏来窥测神意。——译者注

自己的真理。

未来的元宇宙内容丰富、机遇众多，与古代元宇宙共同存在，是可被攀登的奥林匹斯山。你能肆意探索，测试能力极限，与众神交流，甚至成为他们的一员。人类自从开始结成群体以来就在努力创造和发展他者世界，在不远的未来，每个人都有机会成为主角，拥有专属于自己的世界。

这些新机遇起初可能会让你感觉到有些奇特。现代社会，尤其是西方社会一百多年来都在努力使世俗生活凌驾于信仰生活之上，而人类又都是所处社会的产物。哥贝克力石阵、古埃及、罗马帝国，这些历史对我们来说十分陌生，一部分原因是我们今天的社会主题并非神灵和怪物，而是时间、生产力和自我提升。在这种组织模式下，虽然社会物质产出呈增长态势，但我们却越发不信任虚构世界的力量。

在今天，西方社会的"反结构"除了包括职业体育、股票市场等能够产生经济价值的社会组织和宗教组织外，还包括电子游戏。玩家们能在游戏中颠覆日常生活的等级制度，与工作和生活相比，他们可以获得、创造出不同形式的意义。现在的沉浸式数字游戏将成为未来数字世界的基石。重要的是，我们必须要理解，数字世界如何沿袭古代元宇宙的传统功能，以及在轻视且反对世界创建、玩乐及自由时间的现代社会如何发挥作用。虚拟社会的到来对我们来说是一件好事。为了理解这一点，你必须先知道，今天这个以生产力为中心的社会如何以及为何要给你灌输完全相反的观点。

第 二 章

工作、玩乐，
以及自由时间的意义

"我不想工作 / 我想整天打鼓。"托德·朗德格伦（Todd Rundgren）在 1983 年发行的《整天打鼓》（*Bang the Drum All Day*）中记录了在现代社会中工作、娱乐和个人满足感之间的复杂关系。我们许多人每天干着不喜欢的工作，盼着快点下班，在闲暇中获得生活的意义，但却不曾思考我们的生活为何是这种模样：生产性劳动优先，个体满足置后。为什么不能反过来呢？为什么不能整天打鼓呢？

我在上一章写到，历史上许多人类社会与虚拟世界同步生活，通常通过颠覆现实生活结构的仪式进入他者世界。在今天这个超级工业化时代，整个社会都围绕着生产力运转，除少数边缘文化外，无论你贫穷还是富有，社会激励所有人把生产力到最大化，真正意义上的"自由时间"则越来越少。但在之前的时代，富人们过着闲适的生活，社会也鼓励工薪阶层这样去做。1935 年，伯特兰·罗素（Bertrand Russell）在《闲暇颂》（*In Praise of Idleness*）中写道："闲暇对人类文明来说至关重要。"他认为应把劳动视为达成目的的手段，而非目的本身。

随着经济性质的改变，社会定义的"工作与生活的平衡"（work-life balance）也在改变。在历史上，西方社会曾为"交融"提供了丰富的休闲机会以抵消工作的需求、压力和等级制度，但现代社会却今非昔比。如今，我们已能隐约看见虚拟社会的黎明，感受到新时代将为社会与经济带来的变革。我们可以去重新审视已有规则，用满足感而非生产力原则重新定义工作与玩乐。

在本章里，我们将探讨当下生活模式的成因。我将说明虚拟世界能以哪几种方式使生活充满趣味性、满足感，最终提高生活质量。我还将阐述当下关于人类动机的心理基础的研究，说明游戏及虚拟世界给予人们的行动力为何能比外部世界多。

很多人认为游戏对我们有害。没错，有些劣质游戏确实具有危害性。然而，专为获取满足感而打造的高质量虚拟世界却可以被称为"大脑的健身房"。在虚拟世界里度过一小时并不是浪费时间，而应被视为提升自我的训练。关于这一点，我将在下文做具体阐释。

和身体一样，思维也需要摄入营养。它需要被挑战、被鼓励、被用于解决问题和提升技能。但许多人的工作无法提供这些机会，所以越来越多的人利用空闲时间，在"过程即是目的"的游戏和虚拟世界中获取大脑的必要养分。我希望你在读完本章时，能够改变一些对于"正确使用时间"的已有认知。但在此之前我们需要理解的是，当下为何我们总是在努力工作，以及在过去的两百年中，劳动和休闲时间是如何演变的。

▶ 有闲阶级的衰落

工业革命到镀金时代是一个由无数劳动者驱动的大工业时代。工人们长时间在危险环境中工作，却只能获得微薄收入。富裕阶层才能拥有大量休闲时间。此时，西方文学作品中充斥着上流人士的愚蠢行径：富得流油的"爱玛·伍德豪斯"和"奈特利先生"[1]们把钱砸在无数舞会、晚宴和婚姻计划上。19 世纪与 20 世纪之交，众多度假区豪宅里一群美国工业家携家人、随从蜂拥而至，将大把时间花在提升骑马、航海、音乐和豪饮等技能上。

工业化世界的蓝领生活却截然不同。蓝领的休息时间很少，他们的生活主题是奉献与生产。星期天是固定休息时间，而按照基督教传统，无论富人还是穷人，都应当用这一天来做礼拜、休息和冥想。20 世纪，"公益人士"和大众媒体劝诫工人们不要把休息时间都用于喝酒，而要发展些业余爱好，如收集物品、制作模型等以过程为导向的自发性劳动。（你有没有想过周末为什么是两天而不是一天？虽然劳工运动功不可没，但一个有趣的历史观点认为，规定

1　这两个角色是英国作家简·奥斯汀长篇爱情小说《爱玛》的主人公。——译者注

周末有两天是为防止工人们在唯一的休息日里喝得酩酊大醉，第二天翘班。如果多放一天假，他们就能用星期六喝酒，用星期日休息，在星期一早晨准时上班）。

那时，美国的反沙龙联盟和戒酒运动主要是为防止蓝领阶层解散。社会允许富人们烂醉如泥，却让穷人们累得半死不活，偶尔给他们一个假期作为对长期辛苦劳作的奖励。劳动者的梦想就是能获得足够财富，完全不做任何产出。

事态已逐步改变。耶鲁大学法学教授丹尼尔·马科维奇（Daniel Markovits）在 2019 年出版的，《精英体制的陷阱》（*The Meritocracy Trap*）一书中写道，一种高生产力、高效率的风气主导着当今社会上流阶层的心态。他们把自己的巨额财富归功于勤奋而非家庭背景或社会地位。很多公司的首席执行官日常睡眠不足，从清晨到午夜一直开会，有的还同时管理多家公司。特斯拉（Tesla）首席执行官埃隆·马斯克（Elon Musk）曾声称自己每周工作 120 小时，让每周工作 100 小时的无数"打工人"感到羞愧。（虽然我也是一个创业公司的首席执行官，很不幸，工作时间也很长，但我还不太明白马斯克的 120 个小时究竟是如何计算出来的。据我估计，达到这种工作强度不只需要舍弃所有的闲暇，或许还需要在办公桌前排便）。2021 年 8 月 26 日，最高人民法院裁定"996"工作制为违法之前，许多中国公司都希望工人们采取的工作状态是：每周 6 天，从早上 9 点工作到晚上 9 点。为在金融市场中维持微小优势，金融家和投资商需用很长时间去开发和调整复杂的算法。律师、顾问等专业人士也同样，工作时间越长，职业发展越好。在一个精英主义的社会里，星期天不再神圣，也不再是强制的休息日。

"拼命三郎"的风气从专业领域渗透到其他经济领域。由于商业人士和专家们工作繁忙，许多服务型企业也必须保持营业状态，以便在雇主需要时出现。从前，富人们尽可能减少自己的工作时间；而今天，他们却把生活当成了不断提高生产力的无尽征途。

对于蓝领来说，劳动法、社会变革和科技进步降低了许多工作场所的危险程度，但在一系列经济、政治和人口结构变化之后，他们的工作却不像过去几十年那样稳定、充实，薪水也不如以前高。白领阶级也不再拥有午餐的 3 杯马丁尼和丰厚开支账户。自动化、计算机化与外包；公司普遍对股东价值最大化的强调；大面积的工资停发；以及当下从工业经济到数字经济的转变，都深刻改变了中产阶级劳动与休闲娱乐的本质。

2017 年，经济合作与发展组织（Organization for Economic Co-operation and Development）的一项研究表明，1970 年至 2017 年，平均工作时长在七个发达国家有所减少（但这一指标近期在某些国家呈增长趋势。）随着时间推移，普通中产阶级的工作时间变少，但从工作中获得的满足感也变少了。已故人类学家大卫·格雷伯（David Graeber）认为，自动化进程创造了一堆"糟糕的工作"，许多人"穷其一生都在做他们打心里觉得没有意义的事情"。管理者和劳动者们被迫埋头苦干；休闲时间不断减少；公司底层员工工作时间质量降低——这些都是几个世纪前以生产力为中心的西方大工业化时代酿成的苦果。

农业社会的生活模式则截然不同。一旦播种之后，再干一千小时的农活也不会让庄稼在一夜之间长起来。古埃及金字塔等重大公共工程都选定在农闲和河水泛滥时期实施，这绝非偶然。每个人在自己的"农闲"期到来时，当然也可以把更多时间花在虚拟世界中。

工业时代改变了时间、劳动和资本之间的关系。工厂昼夜不停，以前所未有的速度和数量进行生产。机器每天运转 12 小时的产量要比运转 8 小时多；如果 24 小时不停地运转，产量将达到最大化。为保证一直有工人操作机器，许多工厂都把一个轮班规定为 8 小时。工业化进程提高了每一个工时的潜在价值——你工作的时间越长，生产的零件越多，赚的钱也就越多。由此，工资直接与个人努力和生产挂钩。劳动从农耕模式变为以工作时长为主导，整个社会开始围绕新的生产原则进行重组。

这种转变并非毫无益处。工业化导致的生产力提高使社会繁荣发展，延长了人类寿命，工业国家人民的生活水平也得到了显著提高。对普通人来说，他们能购买到许多质量更好、更加新潮的商品，就业机会也比前工业化时代更多。但与做工匠或当农民相比，在今天，他们失去了工作日的自主控制权。社会一面逐步走向工业化，一面鼓励公民把自己当作一台大机器的零件，为了集体进步而不停运行。

这个交易看似划算，但事态在悄然改变。至少在乌托邦主义者看来，工业化的一部分意义在于减少劳动负担，为普通人创造更多的财富和自由时间。伯特兰·罗素写道："如果世界上所有人每天都不需要工作超过 4 个小时，那么每个科学爱好者都能在科学的海洋里肆意遨游，每个画出惊世骇俗作品的画家都不会饿肚子。"他认为社会应当利用工业技术缩短工作日，让全体人类都成为有闲阶级，可现实却大相径庭：大机器生产效率越来越高，其他地区纷纷效仿，开始赶上西方的脚步，在世界市场中占据一席之地；但是，生产力的提高越发与生活质量的提高相互脱节。

2015 年经济政策研究所（Economic Policy Institute）的一项调查显示，1948 年至 1973 年，美国工人生产效率与时薪显著提高；但从 1973 年开始直到 2015 年，时薪的增长率停滞不前，而生产效率却持续飙升。这意味着个人生活质量与社会繁荣程度实际上不再同时处于前进轨道。

许多发达国家已把提高生产力视为发展目的本身，但这个目的只为少数位于经济金字塔顶端的财阀服务，与那些被当作生产零件的人们无关；与普通人的尊严维持、生活水平提高无关。在今天，提高生产力对社会有益，这个观念已经深入人心。我们从上学开始就不断接触许多冷冰冰的社会概念：提高生产力、效率、经济产出、用创新实现集体进步。社会的经济和政治基础依赖无休止的生产力增长；我们总是期待明天的生产力比今天更高。支撑老年人生活的养老金要求的是未来的增长趋势与今天相同。提高工作效率，或者说以创新方式提高效率，是我们最重要的工作目标。

虽然许多大公司表面上说希望职工达到工作与生活相平衡，但实际上却鼓励或默许职员把工作当成生活。一个世纪以前，公司老板们还在敦促员工在下班后培养兴趣爱好；虽然今天的总裁们也鼓励下属离开办公桌去打乒乓球或上瑜伽课，但是这些娱乐活动场所越来越集中于工作的生态系统中。例如：公司在办公休息室里放一张乒乓球台；请瑜伽老师定期来公司上课等。休闲时间已成为加班的诱饵。在当下，老板不会再建议员工可以在休息日玩飞机模型，员工也很难再拥有真正意义上的休息日。

现代经济生产需求造成社会普遍怀疑仪式、休闲和玩乐所具备的价值。有时候我们会觉得，社会在有意劝阻人们：不要去开展那些不产出量化价值的消遣活动；不要去享受那些能让你获得快乐而不是赢得或学到东西的娱乐时间。即使社会不再提倡娱乐，但很明显，人们仍然需要通过仪式和游戏去释放压力。例如，流行文化的粉丝们会聚集在一起讨论作品，通过创造衍生故事和艺术作品去拓展共有的虚拟世界；在重大事件的相关讨论中，理性对话越来越少，在猫咪图片上添加调侃文字的"热梗图片"越来越多，这体现了互联网对话的僭越性与反结构性。但在我看来，人们对娱乐的巨大渴望最能体现在电子游戏之中。游戏作为一个行业和一种娱乐方式，是工作至死的时代潮流中最反常的现象。

游戏产业规模巨大。据市场观察网站（MarketWatch）统计，2020 年全球游戏产业收益约为 1800 亿美元，比全球电影产业和北美职业体育界的收益加在一起还要多。上述各行业之间的区别不仅表现在利润方面。看电影是一项被动和有限的活动：你可以利用晚餐后、睡觉前的几个小时看完一部电影；也可以在观看的同时放空思想，因为电影推动情节不需要观众参与。你所能做的就是观看，一旦看完，就结束了。如果你再看一遍（大概率不会），内容也和之前一模一样。

电子游戏则不同。高质量的电子游戏拥有活跃而广阔的环境，能够吸引用户持续几个星期、几个月，甚至几年的注意力。许多狂热玩家花在游戏上的时间和工作一样多。他们在结束工作之后，又在游戏机前开始了另一份"工作"。他们不是被动地消费娱乐产品，而是在使用思维和反应能力参与屏幕上的世界。2018 年，一位名叫阿莉莎·施努格（Alyssa Schnugg）的玩家为《PC 玩家》（*PC Gamer*）杂志写了一篇文章，讲述她作为《网络创世纪》（*Ultima Online*）游戏公会会长的艰辛劳动："我今年 50 岁，是 5 个孩子的祖母，也是一个获过奖的记者，在当地一家报社拥有一份体面的工作。每天晚上，我都要坐在电脑前，启动旧版《网络创世纪》，开始打第二份工。"

能令玩家沉迷的游戏数不胜数，它们能提供的不只有短期的多巴胺冲击。我爱玩的许多游戏都需要玩家积极且长时间地投入其中，如《美国卡车模拟》（*American Truck Simulator*）。这款游戏再现了大卡车驾驶位视角的场景。虽然卡车模拟器的图形技术及动态驾驶模拟技术十分先进，但游戏背景却并不复杂。玩家扮演一名卡车司机，在高速公路上运货，在游戏里运一次货的时间与现实世界差不多。

说来奇怪，这些卡车模拟器在职业货车司机当中很受欢迎。没错，一名卡车司机在花了七天时间把一车白菜运到全国各地之后回到家里，他放松的方式可能是……在游戏世界中把一车白菜运到全国各地。这种现象似乎看起来有些压抑：我们太过重视勤奋，即使在休闲时间，也只能通过模仿生产性劳动来放松身心。卡车模拟器的作用很大程度上是提醒卡车司机从事这一行业的初心。2019 年，一名前卡车司机接受《面孔》（*The Face*）杂志采访时，解释了他喜欢《欧洲卡车模拟 2》（*Euro Truck Simulator 2*）的理由："你可以自己当老板，自由选择任何卡车、货物、目的地，还可以随意调整游戏难度。"还有一名卡车司机说，他玩《美国卡车模拟》是为了体验现实中体验不到的卡车，运载现实中永远无法运载的货物。它既是娱乐，又是工作。

工作时间越来越长，我们越来越努力，社会还总是暗示我们不要做任何与产出和自我提升无关的事情。人们为什么还会如此喜爱劳动密集型游戏？为什么还要在游戏中无偿"工作"？玩家经常为游戏付费，但在传统观念中，不断累积的游戏时间却不会产生明显经济价值。我们在大型多人在线角色扮演游戏（MMORPG）里每多花一个小时，就是在健身等能产出成果的活动里少花了一个小时。这究竟是怎么回事？

"权威人士"们简单而轻率地回答道：电子游戏让人上瘾，对工人们的健康有害。这同一个多世纪前卫道士们说酒吧具有危险性如出一辙。鲍里斯·约翰逊（Boris Johnson）成为英国首相前，曾于 2006 年在《电讯报》（*Telegraph*）上猛烈抨击游戏，该专栏标题为"大难临头——电脑游戏将腐蚀大脑"（The Writing Is on the Wall—Computer Games Rot the Brain）。约翰逊认为，拿着手柄盯着屏幕的玩家"变成了只会眨眼的蜥蜴，一动不动、全神贯注，只有不断按键的双手表明他们仍有意识。这些机器没有教会他们任何东西，也不能提高逻辑、探索或记忆等能力"。以网易公司的《量子特攻》（*Cyber Hunter*）为例，这款游戏在中国非常受欢迎，不少玩家每天都玩 8 个小时左右，以至于中国政府对游戏时长做出了严格限制，以遏制未成年人"精神鸦片"成瘾。

如果说电子游戏是吸食思想的黑洞，是上瘾和昏睡的罪魁祸首，那为什么它还能进化成一个爱好、一项产业？游戏似乎与吸食鸦片或饮酒等成瘾行为有很大不同。在酒吧里喝酒对人来说没有什么要求，你可以一杯接一杯地喝，在凳子上坐几个小时，只需要有酒钱和一个能久坐的靠背即可。饮酒并不需要你去解决一系列难度逐渐升级的谜题，除非你要举办智力竞赛。而一些大型电子游戏却会举办世界冠军赛，奖金高达数百万美元。这清楚地表现出，这些游戏远比周五晚上豪饮伏特加兑红牛更具意义及挑战性（这样喝虽不能导致嗜睡，但绝对能让人上瘾）。

游戏是一项需要思维参与的复杂活动。与其他形式的大众娱乐不同，高质量的电子游戏需要玩家付出极大努力；与破坏性上瘾习惯不同，它还需要玩家的智力投入。而游戏玩家也与利用闲暇被动娱乐的人们不同，他们不是在发呆，而是在专注。

玩电子游戏的过程中包含了大量复杂认知活动，不是为了纵容人们逃避现实，而是为了满足当今社会不能满足的各种心理需求。与其蔑视或恐惧，我们不如向这些虚拟世界学习，将其价值应用于现实世界。

我们若要搞清楚电子游戏为何越来越复杂，以及虚拟世界将如何与现实世界融为一体，就必须超越无止境追求生产力的社会模式，去研究科学对人类天性的解释。现代社会需要革新集体及个人的满足感模式。不过在此之前，我们要准确理解满足感（fulfillment）的含义，以及为何满足感能带来生产力而生产力却不一定带来满足感。

▶ 目标与满足感

2010 年，物理学家斯蒂芬·霍金（Stephen Hawking）在接受 ABC 的《今夜世界新闻》（*ABC World News Tonight*）采访时曾断言："工作给予人意义和目标，生活没有工作将无比空虚。"这句话在现代社会语境下合情合理。工作不仅是谋生的必要手段。当你感觉到自己是社会生产力的一分子，你会产生一种内在的满足，感觉自己在社会运转中发挥了一小部分作用。正如我在上文所述，现代世界围绕生产力运转，我们早已习惯性认为满足感是生产力的产物。

不过近几十年以来，西方世界以生产为主导的社会模式不能再持续为本国工人们提供大量就业机会。许多公司发现，如果将生产过程自动化，并且／或者将工作机会更多投向新兴劳动力市场，那就可以用更低的成本生产更多的商品和服务。这种现象及其随后引发的大规模失业与不充分就业现象，通常被称为收入危机。在我看来，收入危机也是目标危机。

几十年前，人们在一家公司入职之后能一直工作到退休，而现代企业管理实践已全面摧毁了蓝领和白领曾经拥有的“一夫一妻制”就业机会。在今天，许多人不仅要长时间工作，还要身兼数职，但这些工作的收入和稳定性都比不上前几代人只干一份工作所得到的收入和稳定性。2021 年，《卫报》（*The Guardian*）的一篇报道称，英格兰和威尔士约有 440 万成年人在打零工，这个数字是 2016 年的两倍有余。美国也有此种趋势，据《小型企业发展趋势》（*Small Business Trends*）称，仅在 2020 年，美国的零工经济就增长了 33%，比美国整体经济增长速度快了 8.25 倍。而那些失业的人们只能成天去寻找根本不存在且永远不会回来的工作。众生皆苦，而这份辛苦却无法换来满足。

如果说工作给予人奋斗目标，那么你在失去工作时，同时也会失去目标感。大卫·格雷伯在《毫无意义的工作》（*Bullshit Jobs*）中指出，失去目标可能会对心理健康产生毁灭性打击，会使你质疑世界究竟是否留有自己存在的位置以及继续活下去是否有意义。在一个去仪式化的世界中，社会不再重视虚构的世界，你如果在工作中找不到目标，就很难在其他地方找到目标。

美国等地持续发生的农民自杀行为是其中一个惨痛的例子。许多农民债台高筑、收入骤减，因此，他们的农场和资产常常被没收。这说明，在一个以生产为中心的社会中，人们失去的不仅是目标，还有可能是生命。"如果农场不能丰收，如果你需要出售财产，那么你不仅辜负了自己和家人，还辜负了你的家族遗产。"2020 年，俄亥俄州农业局发言人在《今日美国》(*USA Today*) 上说："'曾祖父一手搭建的农场，今天居然毁在我手里？'这种念头确实令人难受，但很多农民现在的状况和想法就是如此。"

这个例子反映出的不仅是收入问题，也是一个普遍的目标问题。在不断增长的生产需求和企业效率之间，人类劳动力日益受到挤压。从长远来看，机器和计算机程序总在进步，生产力也会不断提高。机器劳动在生产中的地位越来越高，必然会导致人类劳动的边缘化。在一个以生产力为主的社会中，如果人们失去了自己的目标，目前普遍存在的心理健康危机只会更加糟糕。

解决这一困境的方法在于厘清目的、工作和就业的概念；在于认识到在维持社会运作方面，满足感与工作机会同样重要。社会最应当为公民持续提供的就是这两样东西。几个世纪以来，西方社会一直专注于后者，而往往以牺牲前者为代价。数字游戏和虚拟世界能帮助天平归位。

虽说就业确实能带给人们目标，但目标和就业的含义并非完全相同。拥有一份能获得收入和成果的工作并非生活的唯一目标，甚至不是最主要的目标。这一结论不仅能从第一章对古代元宇宙的探讨得出，更能从我们自己的生活经验中得出。毕竟，你修整自家花园时也能获得许多意义感和目标感，即使这种劳动并不能创收，但也不具备广泛社会效用。如果你在手工、集邮和家庭维修等爱好、消遣或一时冲动的项目中投入与有偿工作相同的时间和劳动，那么你收获的快乐和成就感可以比在办公室工作更多。

同样，我们早就知道即使是最稳定、最有成效的工作也不一定能令人满足。许多工作单调且无聊，充满了重复性任务，对大脑不能起到任何刺激或挑战功效。此外，许多公司还不重视员工满足感。老板们理所当然地认为，生产力自然会带来这种感觉。但我认为，正是因为生产力高，所以无法产生满足感；只有当工作能获得满足感时，员工的生产效率才会达到最大化。

无论是日常上班、个人项目，还是其他需要长期认知投入的事情，你在任何工作中感到满足时，往往会更积极地去思考更好的方法。你会主动寻求新项目和新挑战；你拥有内在动力。当挑战与挑战者水平相当，工作过程本身就成了享受。

当下的游戏史就能体现这一点。许多沉浸式数字游戏就是理想化的"工作"：包含复杂的认知环境，为参与者带来恰到好处的挑战，鼓励长期投入。正因这些游戏专为满足感而生，人们才愿意一次花几个小时在游戏里提高"工作"效率——精进技术，积累分数、技能、成就、世界影响力等。

回想一下，你在工作中感到精疲力竭的那些时刻，是否与上司或同事不重视你，或者分配下来的任务缺乏复杂性、无法使你保持兴趣的时刻相吻合？这些情况令你沮丧，于是你就决定尽量减少投入在工作中的精力。心理学家爱德华·L. 德西（Edward L. Deci）在1975年出版的《内在动机》（*Intrinsic Motivation*）一书中，讲述了被微观管理[1]且被剥夺工作场所自主权的员工如何为反抗自身处境而故意降低生产效率。德西写道："事实上，人们通常会发明出击败管理系统的方法来满足自身对创造力的内在需求。他们会用巧妙方式破坏系统，以最少的努力获得最多的回报。"

很巧的是，如果游戏无法满足玩家，相同情况也会发生。一款糟糕的电子游戏就像一份糟糕的工作。好的工作和游戏能为人们提供满足感，生产力随之而来；不好的工作和游戏强制人们生产，期望人们从生产力中获得满足感。当今西方社会总是停留在后一种模式，却刻意去避免对前一种模式的思考，目标危机就诞生了。

▶ 管理和激励

长期以来，许多大公司都围绕着精细化工作步骤和严格的生产力量化指标而运作，鲜少考虑员工的满足感。老板根据员工产出来实施奖惩：表现出色的给予奖金和晋升机会，表现不佳的降级处罚

---

1 指管理者对员工密切观察及操控，监视及评核每一步骤。——译者注

或直接解雇。生产力最高的员工获得最高的外部认可，反之亦然。

这些公司的激励机制深受行为心理学或行为主义的影响。行为主义者认为，人类动机主要来自外部奖惩，让人们做事的最佳方法是训练他们把某些任务和行为与某些奖励和惩罚联系起来。完成一项任务，给一块饼干；完不成任务，不给饼干。成功签下大单，获得晋升；签不了单，就被解雇。如果电影《拜金一族》（*Glengarry Glen Ross*）里的老板是心理学家，那他必定崇尚行为主义。

行为主义者认为，人类内在需求不可知且不重要，或者说，我们没有能力进行真正的自主选择。[行为主义名家斯金纳（B. F. Skinner）甚至称"自由意志是一种错觉"。] 他们觉得人类与巴甫洛夫的狗没有什么不同，所有行为都可被理解为一系列对外部刺激的习得反应，换句话说就是环境造就人。通过对环境施加严格控制，你可以把一个人塑造成任何模样。

我们会注意到，这种理论并不认为人类构建的意义世界能丰富个体生活、为社会创造价值。行为主义不承认人类长期以来建造和生活的反结构空间具有任何价值和必要性。随着行为主义理论愈发获得社会认可，工业化造就了一个刺激—反应的社会，而他者世界似乎变得不那么重要了。

此后，激进行为主义逐渐失宠。[1959 年，语言学家诺姆·乔姆斯基（Noam Chomsky）强力推翻了斯金纳的许多理论。他认为，行为主义不能解释婴儿语言习得等众多现象。] 但斯金纳的行为主义理论已深深扎根于他所处的时代，最重要的是，它符合工业时代不断增长的生产需求。

在行为心理学成为主流之前，许多公司就已经开始提倡"科学管理"和效率了。在"高效率"的公司里，工作环境高度组织化并受到严格控制。它们剥夺工人的自由意志，命令工人按照极为具体的标准去执行极为具体的任务。为追求生产力最大化，这些工作场所抹杀了个体的差异。随着管理理论的发展、公司规模扩大以及公司市值的增长，许多工作场所都倾向于采用行为主义的激励机制。

如果你想看一看 20 世纪的激励机制是何种模样，可以去阅读当时最畅销的管理书籍。虽然有些畅销书也鼓励管理者考虑员工的内在需求，但它们大多关注的是权力和权威，强调结构、量化及可量化结果。依这些书所言，一名成功的管理者必须告诉下属做什么、如何去做才能更好地激励他们。这些机制的中心是从每位员工那里榨取最大产量，但却忽视了一种可能——员工对工作的复杂性和满足感有着根深蒂固的内在需求，而公司可以通过满足员工这些需求获得巨大利益。

最近的心理学研究显示，我们的大脑是解决问题的器官，需要通过解决一系列难度升级的问题来吸取养分。我们希望不断精进技能，当逐渐熟练时，会获得崭新且多层次的心理满足感。当我们擅长某件事，而且随着时间推移，技能越发精进，这种感觉很好。无论有意还是无意，人们都希望持续收获成功。我们想挑战的是通过学习能够克服的问题，不想总是遇到令人感到挫败和厌烦的障碍，这就是为何今天有这么多劳动者陷入筋疲力尽的死循环。

现在，生活已经宛如工作。我们永远被困在劳动中，定期的休息和仪式越来越少。工作虽在生活中占比越来越高，但劳动者能获得的满足感却不如以往，因为满足感从来不是工业社会的重点，生产力才是。现代企业以提高效率为目标，不断完善组织结构、消灭所有其他因素。

这些企业同激进行为主义者一样，认定个体的精神生活无关紧要。但人类几千年来都在与思想构建的世界保持认知交互，这说明我们的精神生活确实至关重要。这不是在证明荣格或弗洛伊德的理论——意识行为与梦和潜意识线性相关，而是在说明人类天生对复杂性和满足感的追求。我们希望做让自己感觉良好的事情：遇到挑战、拥有选择权、对环境有归属感等；我们希望用聪明才智为自己和所珍视的世界创造价值。德西在《内在动机》中指出："要搭建人们可以自我激励的环境……他们就能从主观上想去做好工作，他们就能从高效率工作中获得满足感。"换句话说，并不是只有报酬才能激励人们劳动。

人们急需内在满足感，所以今天有这么多人涌向数字游戏和虚拟世界。最好玩的那些游戏不是让玩家无脑消耗时间，恰恰相反，它们以复杂引擎构建，能为玩家提供社会制度长期忽视的内在满足感。正如前文所述，这些游戏是大脑的健身房，你在里面花的时间越久，你的思维越强大、越健康。

当然，也有很多有害的游戏：不尊重玩家的时间、注意力和智力；内容极度令人不快；不能满足玩家任何心理需求。但我们可以这样去想，许多工作也对你有害，就像人们总是认为所有游戏都对你有害一样。这些工作会使人们产生不满、疏离、悲伤、孤独的感觉，还会引发其他负面社会影响。如果你讨厌一款烂游戏，你可以选择退出；但如果你讨厌你的烂工作，你还得坚持下去，直到被辞退那一天。而那时，你将会体验更为严重的目标危机。

游戏和玩乐鼓励创造行为。如上一章所述，几千年来，在虚拟世界内的创造行为一直是人类心理健康和幸福感的核心来源。许多工厂把员工当作齿轮；但游戏对过程的重视程度和对结果的重视程度相同。最出色的那些游戏能促进人们成长，增加人们的好奇心，提升解决问题、团队协作以及创造的能力。在理想情况下，我们希望游戏和工作都能使自己获益，但现实中，制作一款高质量电子游戏比创造一份富有满足感的工作要容易得多。在工业化经济中，劳动总以生产力为导向；游戏却可以优先考虑满足感。

社会完全可以承认，给予个体满足感大有裨益。或许我们无法重塑世界，但我们能理解自由支配时间、调整生活步调的重要性。正如人类这一物种在一万年来所做的那样，我们也可以试着创造一个更为人道的世界，一个通过持续提供满足感和有效体验来扩展日常生活边际的世界。在下一章，我将为你讲述支撑数字世界的科学技术。游戏和玩乐能满足人类的基本心理需求，工作却无能为力；在这一点上，未来广阔的虚拟世界将更胜一筹。

第 三 章

用更好的体验，
创造更好的生活

杜邦（DuPont）公司在 1932 年采用了一个口号："用化学生产更好的产品，创造更好的生活。"（Better Things for Better Living Through Chemistry.）这很符合工业革命的时代潮流。第一次世界大战后，标准化生产使消费品达到前所未有的数量，大众需求得到了极大满足。与前几代人相比，当时的人们能买到更为便宜、质量更高的东西，而且更新、更好的东西还在源源不断地涌入市场。在从前，人们知道日常生活会导致精神匮乏——无休止的洗涤、严寒中的户外厕所、夏日午后闷热的住宅，这也许是人们重视来世的一个原因。如今，你可以直接在梅西百货（Macy's）购买到"完美生活"，不用再等来世。

　　"更好的产品"被当作大萧条时期的解药并非巧合。20 世纪 30年代，商业界沉醉于"科学管理"的福音书，一些公司领导坚信动机、满意度和目的都源自外在因素。在工业式思维中，内在体验不重要，工人与他们操作的机器在功能上没有区别。杜邦公司的口号就是工业式思维的产物。我曾在第二章指出，工业时代一些最有影响力的组织及行为思想家称，人类的内在世界不值得去研究或认识。因此，杜邦公司自然会说出"更好的产品创造更好的生活"，暗示生产力就是人类存在的意义。

工业时代的社会结构与历史上几千年的人类社会结构大相径庭。我曾在第一章写道，人类社会总是对存在于现实之外的世界怀有敬畏之心，并且似乎认为与这些世界交互能产出现实价值，但"生产"等于"满足"的工业化社会却将他者世界视为侈物。在一个拥有洗碗机和中央空调的世界，天堂并不令人神往。

近年来，在社会健康发展方面，心理学、语言学和哲学的新研究重新把精神世界和虚拟世界抬上重要地位，使我们重新认识到祖先们很早就认识到的道理。关于人类行为和动机，现今最有信服力的理论均强调内在因素而非外在因素，认为人类的驱动力并非来自惩罚或奖励，而来自在社会语境中使用自主权、发挥自身聪明才智的机会。我们已经知道，参与社会构建的现实对个人及社会均可起到积极作用，新理论与此观点思路一致。我们将在本章后文探讨已得出的研究成果。根据这一思维模型，人们渴求拥有各种动人的、实用的、自主的经历，在锻炼大脑的同时把他们与同龄人及更广阔的世界联系在一起。换句话说，过程比结果更能引发满足感。虽然人们每天准时上班可能是因为想拿奖金或害怕被解雇，但尊重人们自身能力与人性，在工作中不断给予他们挑战，才是保持员工快乐的真正秘诀。

如果社会认为人们工作只为赚钱，赚钱只为购买，购买只为使用，使用后就丢弃，如此循环往复直到退休或死亡，那么它的模式必定存在极大问题。或许一个总是提供新商品的市场能提高某一发达国家的国内生产总值，但它不太会对该国公民满足感的增加起到作用。在一个以生产为中心的世界，"产品"就是特权，而虚拟社会的通行货币则是"体验"。因此，我想为即将到来的虚拟时代提出一个新口号："用更好的体验，创造更好的生活。"

有大量科学成果表明，充实的生活能让人感受到自主感、胜任感和归属感（关于这三个因素，我将在后面具体论述），它们来自各类活动、挑战以及激发大脑的探索行为。无论是环游世界、拓宽视野，还是掌握一项新技能、精进现有技能，或者发展一个能给我们带来快乐的爱好，这些都能使我们兴奋、投入，也能使我们挑战自己、改变自己，具备很强的心理和实用性价值。可以说，过好人生的重点就在于最大限度地获取这类体验的同时尽量减少有害的体验。

异地感体验是与另一个世界交流的方式。为了改变和进步，人类不断寻求和现实有所不同的体验：去陌生的地方旅行、玩密室逃脱、去健康疗养院……这些活动让我们跳出日常状态，去接触陌生环境。它们提供了某种"反结构"，帮助我们消除压力，使我们专注于生活，并且改变日常习惯。

人类重视并追求体验，不仅为获得内在满足感，也是为了学习新技能、为将来做打算或解决现有问题。"最佳体验"指的是既充实又有效的经历：一方面提供内在满足感；另一方面激发个人的成长和改变。几千年来，虚拟世界一直在为参与者提供最佳体验。它为人们提供自由构想的空间，在社会群体语境下定义现象、评估与解决问题，从而提升生产价值和成就感。数字虚拟世界的目标，是以前所未有的连贯性和精确性有效且可靠地创造出有效体验。

我在第二章曾写道，高质量的数字视频游戏包含复杂的认知环境以及考验玩家智慧、提供满足感的最佳体验，而这些内容在现实世界却难得一见。以此为基础，未来的数字世界将为参与者提供大量的丰富体验。用户能在一个充满智慧生命的环境中，沉浸在一个意义重大的活动之中。当这些世界通过数字网络与彼此和现实世界连接时，元宇宙就形成了。元宇宙将成为创造体验、转移价值和提供内在满足感的强大新引擎。

在本章，我将具体讲述有效体验和内在满足感，以及虚拟世界网络如何通过有效体验为人们提供内在满足感。我还将写到心理学家如何得出"自我提升与满足感和动机密切相关"的结论。一些研究表明，意义构建的世界能引发人们自我提升的愿望，而现实生活中的工作却不能，我将在本章介绍这些研究。我将向你解释为什么说体验与成就感相关；我们重视体验不仅因为它们带来的感觉，还因为它们能让我们学习到一些东西。我将列出数字虚拟世界改变最佳体验生产的几种方式，以及这些体验的价值是如何被创造和转移的。我的结论是，虚拟世界网络将为人类提供各种强大及实用的体验。在现实生活中，这样的体验人们一生都未必能拥有一次。

第一次工业革命改善了已有商品的生产流程，同时促进了新商品的出现。同样，数字虚拟世界也能使最佳体验的生产达到工业化水平，但这并不是要把它们变得标准化，变得廉价。虚拟世界将为现有的体验生产带来更进一步的可信度和精确度，同时也能创造出各种独一无二的新体验。古往今来，神话故事讲述了英雄们通过奇妙旅程追寻崇高目标，而在不远的未来，我们将亲身体验做英雄的感觉。这些体验不只是电子游戏那样的表层互动：不只是在幻想世界里扮演一个英雄、恶棍、将军或者拓荒的铁匠，所有角色和故事发生的背景是真实存在的。不用去阅读别人的冒险故事，我们可以生活在由自己书写的史诗里。

但这取决于我们如何去塑造这个虚拟的未来。实现理想的先决条件是：社会要认识到一个能持续吸引居民的世界必须具备人道主义精神，而不是把人们当作生产零件。为解决社会普遍存在的目标危机，我们必须先理解目标一开始如何产生，还要理解虚拟空间中的认知参与为何能在历史上一直为人类所用、一直为人类提供满足感。接下来，我们将了解一个迷人的心理学理论——自我决定理论。

▶ 自我决定的力量

如果现在可以做任何事，你会如何选择？或许，你喜欢玩电子游戏，想在数字世界里尽情探索；或许，你想拿着金属探测器在沙滩上寻找地下宝藏；或许，你喜欢阅读，更愿意坐下来读一本关于虚拟社会的好书（如果你是最后一个例子，那么恭喜你已成功过上理想生活）。

我们几乎都能想出一些能持续给自己带来挑战、刺激和兴奋的活动，它们使我们感到生命很美好，活着很快乐。一般情况下，这些活动不能决定我们物理上的生存状态，也并非通往名利的康庄大道，如果我们不做，更不会受到责备。我们做这些事情只是为了感到真正的快乐。正如心理学家爱德华·L. 德西和理查德·M. 瑞安（Richard M. Ryan）所言，追求和满足这些内在需求是保持积极性和心理健康的关键。

德西和瑞安是自我决定理论的提出者和拥护者。自我决定理论认为，我们的内在需求是最主要的需求，对维持健康和幸福至关重要。内在满足感通常不取决于报酬、赞美等外部奖励；满足需求的快乐与最终能得到什么奖励无关，更多的是来自满足需求的过程本身。

在过去的 40 年里，德西和瑞安撰写、发表了一系列重要书籍和论文。他们认为，追求内在满足感是促进个体成长、掌控自身生活的最好方式。德西和瑞安在 1985 年发表的开创性作品《人类行为的内在动机和自我决定》（*Intrinsic Motivation and Self-Determination in Human Behavior*）中写道："自我决定一词指的是一个人管理自我、做出决策和独立思考的能力。"他们认为，一个自我决定的人更可能成为一个快乐、健康、适应力强的人。适应力强的人越多，社会自然也就越稳定。

自《人类行为的内在动机和自我决定》发表以来，自我决定理论为我们提供了一个可靠的理论框架，说明了为什么以及如何去围绕满足感的原则调整个人生活和社会。但在这种语境下，满足感究竟是何意？它与我们在虚拟世界中感受到的个人及集体情感提振有何种关系？

德西和瑞安认为，人类做事的动机源自对自主感、胜任感和归属感的基本需求，这些因素也是人类获得满足感和成熟心理的基石。自主感是指自由制定议程的需求：能在掌控自己行为的同时自由表达并追求个人目标。胜任感是指感觉到自身擅长某事的需求：能不断积累知识、获得成就，学会并精通某些技能，并且在一系列情况下使用它们。归属感是指与周围人有关联感的需求：能感受到被集体接纳，也能在集体中提升自我。

自主感、胜任感和归属感会给人带来积极健康的心理状态。当这些需求得到满足时，人往往会更加快乐、更有动力，能更好地与社会和周围人互动，晚上睡得更加安稳，更可能去追寻一条自我决定的道路，成为更好的自己。

自我决定理论认为，人类是追寻复杂性的生物，人类大脑是解决问题的器官，需要定期吸取养分。成功解决难题后，我们会感到自己很能干、很愉快。当这种权利被剥夺时，我们就会停滞不前。我在第二章曾指出，现今的高质量数字游戏既要包含娱乐性，又要提供复杂挑战满足人们的内在需求。在游戏中，娱乐和满足感相互连接，这也是有些人难以认真对待游戏的原因。

社会越来越强调生产力，暗示人们对"好玩"而无其他用处的东西敬而远之，但随着游戏的发展，游戏开发者对产品广受欢迎的理解也更上一层。斯科特·里格比（Scott Rigby）和理查德·瑞安在 2007 年发表的《需求满足的玩家体验》（*The Player Experience of Need Satisfaction*）以及后续一系列出版物中提出，在游戏中体验到的乐趣是需求得到满足的结果。

最适挑战（optimal challenges）是指与玩家技能水平相匹配，且随着他们技能升级调整难易度的挑战；"行动掌控"体验（"mastery in action" experiences）是指高水平玩家在游戏中炫技，不费吹灰之力解决难题的体验。里格比和瑞安认为，游戏提供了各种各样的行动机会和构建自我身份的机会，满足了玩家对自主感的需求。玩家与其他游戏角色互动、合作、共事并且向他们学习，以此满足自己的归属感需求。

里格比和瑞安在《沉迷游戏》（*Glued to Games*）一书中表示，决定一款游戏成功与否的关键因素是心理潜台词，而非呈现的内容——就像社群仪式的具体内容往往不如它所填补的社会功能重要一样。例如，过去 20 年有好几十个单人游戏都是不动脑筋狂砍僵尸的游戏，它们根本没什么趣味性，在现实中如果真遇到僵尸，我们大概会安静且迅速地跑掉。不过，在多人游戏里杀僵尸却很有趣，因为它满足了玩家对自主感（你选择杀哪些僵尸、如何杀死它们）、胜任感（你杀的僵尸越多，战斗技能越高）和归属感（你经常与游戏公会的同好们一起杀僵尸）的核心需求。

在游戏反对者看来，暴力游戏就是教坏孩子们的"杀人模拟器"，毫无可取之处。但游戏的乐趣并不在于枪支、军队和四处飞溅的鲜血等表面呈现的东西，而在于它使玩家感到胜任感和满足感的内在作用。尽管反对者们可能会说，这些游戏教孩子们把暴力与满足感联系在一起，但我认为更准确的说法是，它们教人们把解决问题与满足感联系在一起。

这里我将提及一个有趣的悖论：一方面，据我所知，没有任何能被科学界接受的有力证据能证明模拟的暴力会导致现实的暴力，人们完全能够区分幻想和现实。另一方面，这些虚拟体验确实对人们产生了心理影响。我们从虚拟体验中获得的满足感是真实的，与我们从现实体验中获取的满足感相同。某些情况下，前者的"养分"甚至更足，因为虚拟世界中的挑战和机遇不受物理限制。就胜利后的满足感和胜任感而言，电子游戏与现实活动并无不同，游戏中的友谊和真实世界的友谊一样具有实际效益。请不要误解：虚拟体验就是真正的体验。

随着游戏工作室和程序员们越发致力开发复杂和沉浸式的游戏和虚拟世界，自我决定理论在游戏行业的影响也越来越大。一些工作室聘用自我决定理论顾问，他们同开发人员一起为用户搭建游戏环境，设计出能提供胜任感、自主感和归属感的任务。这些数字世界在吸取以往教训的同时，也为我们指明了未来的方向。

我在第一章曾写道，许多前工业社会本能地知道要照顾人们的精神生活。它们借助社会成员对虚构现实的信仰和参与来实现这一点。社会成员参与颠覆日常生活结构的仪式，形成了交融，由此虚构现实的重要性得到了增强。在今天，神话早已离我们远去，但人类对最佳体验的渴望仍然存在。自我决定理论告诉我们，满足感对心理健康而言并非可有可无，它的缺失会给个体带来严重心理问题。与健身类似，满足感的好处能延伸到生活的各个方面。因此，那些在现实生活中无法找到满足感的人总喜欢在休息时间玩游戏也就不足为奇了。

如果游戏能为玩家提供内在满足感，那么辽阔的虚拟世界网络将能够进一步提升满足感水平并且将其转化为社会价值，虚拟世界将为参与者带来更有意义的体验。一个虚拟世界与一款游戏最大的不同就是前者会对现实产生影响。虚拟世界发生的事情与现实世界发生的事情一样重要。如果你在虚拟世界里的房屋被盗，那么你损失的财产价值可能与现实被盗相同，而这些损失在你重新登录时也不会奇迹般地出现。

在虚拟世界中，一切行为皆有后果。这是一件好事，人们想要生活在一个这样的世界里。想象一下，你的数字化身拿起一块石头，把它扔进邻居家的窗户，在这个某种行为导致某种结果的世界里，你肯定要付出代价。邻居会出来大喊大叫，和你打架，然后警察会来，要你赔偿邻居损失。你的名声会变坏，很长一段时间内邻里关系都无法复原。第二天，一切都变了。在这个例子中，你扔出的石头是否逼真无关紧要，你的虚拟邻居从房子里走出来大发雷霆，而且在此后一段时间怀恨在心，这才是真的。

虚拟世界有能力呈现和管理复杂的体验，同时也能量化参与者的满意度和进步程度，这将开拓满足感的新领域。我们极为可能获得数据驱动的满足感。游戏行业已经出现衡量参与者活跃度的有效方法，而且人们将持续发展和改进这些方法，将它们应用于更加复杂的宇宙。游戏和虚拟世界还有一个区别，那就是规模。当硬件和软件发展到一定程度时，未来的虚拟世界将可以支持数百万人同时在线——远远超过了目前最先进的多人游戏的规模。这种人口密度将产生网络效应，它将深刻体现于虚拟世界居民体验的数量和质量中。

▶ 通过更好的体验，享受更好的生活

作家、比较神话学家约瑟夫·坎贝尔（Joseph Campbell）把典型的英雄旅程称为"单一神话"。在故事中，一名英雄踏上冒险之旅，沿途学到知识、面临挑战，最后通过这一经历改变自我。从奥德修斯（Odysseus）返回伊萨卡（Ithaca）的旅途，到释迦牟尼悟道成佛的过程，再到电影《星球大战》（*Star Wars*）中卢克·天行者（Luke Skywalker）的命运轨迹，英雄旅程是几千年信仰系统和当代文化的基石，这些故事让我们间接体验了主人公的一生。我们不禁想象，如果自己是故事主人公该会如何行动呢？

许多单一神话虽源于口头传说，但一旦被写成故事或拍成影视剧，叙事结构就被固定了下来。尽管乔治·卢卡斯（George Lucas）时不时会调整素材，但电影始终不会发生实质性改变。你可以把《星球大战：新希望》（*Star Wars: A New Hope*）看上一百遍，记住所有对白，与角色产生情感共鸣，但它不会随着你了解程度的加深发生任何变化。即便观众的年龄增长、性格改变，它也始终保持不变，总是提供同样的体验。人们对《星球大战》宇宙新体验的渴求激发了众多同人小说[1]的创作。

长期以来，单一神话媒体的受众参与都是被动的，我们在故事中的角色都是观众。虽然《奥德赛》的故事能使早期的听众到后来的读者们身临其境，但却无法让他们真正站在奥德修斯的视角，体验逃离独眼巨人、在斯库拉（Scylla）与卡律布狄斯（Charybdis）之间航行、与喀耳刻（Circe）比试智慧的快感。阅读别人的英雄旅程或许令人心潮澎湃，但从获得心理满足感的角度来说，这与自己亲历冒险还是不尽相同。人类文化中的故事、幻想和经历大多都受到此种限制，与受众的互动性不强。无论愿望有多么强烈，你都无法体验去霍格沃茨学习魔法的感觉：这是包括曾经的我在内，每一个 11 岁孩子都要知道的惨痛真相。

几十年来，数字游戏已将无数普通人送上坎贝尔式的冒险旅程。实际上，当今大多数字游戏的故事梗概都是"英雄出征"。玩

1　指粉丝利用原有作品元素进行二次创作写出的小说。——译者注

家在游戏中不断进步，学习新技能，遇到协助他们前进的人，获得新信息，加深对游戏的理解。在大型多人在线角色扮演游戏里，一个冒险空间里可能会有成千上万人同时存在，就像一个世界一样。这些游戏能为用户提供各种积极体验，每个玩家都能成为故事中的英雄。即时战略、策略以及飞行模拟器等类型游戏则为玩家提供了其他不同的体验。不过，它们的互动性也有限：与现实世界的复杂程度相比，即使是当今最好的游戏也略显单薄。

由于现实世界中实在很难开展英雄冒险，电子游戏即便存在局限性，但也算是单一神话的改良品。正如数字游戏的崛起使娱乐性体验普及开来一般，虚拟世界将给大众带来更多重要的体验。如果说数字游戏提供了英雄体验的模式，那么虚拟世界将会赋予这些旅途以重要性，把故事发生的背景设定在能对人类社会产生实际影响的世界里。虚拟世界将为用户提供获得胜任感、自主感和归属感的大量机会。

虚拟体验若想达到逼真的效果，就要让用户自主做出各种决策，不能事先设定好选项给用户选择；用户要能够体会到在这个世界里的归属感，像在《我的世界》（*Minecraft*）和《罗布乐思》（*Roblox*）里一样，用户们甚至能自己打造虚拟世界，并以此获得收入——我将在第七章具体讨论这一点。

除了内在满足感，赋予体验以价值的第二个维度是我们从中获得的技能、教训和思想观念。例如，大学生自然都希望在学校里度过快乐的时光，但他们也想了解自我、了解世界，获取今后人生中能用到的经验教训。体验既可以生产出必需品，本身又是一件必需品。它是启迪心智的宝藏，不仅能使我们感到满足，还能把我们变成更好的自己，帮助我们提高收入、提高社会地位。

按照工业时代的标准来看，有效体验往往不能给你带来直接的好处，还会占据你本该用于工作的时间和精力。如果你选择去大学学习农业管理技术，那么在此期间你就无法帮家里收割农场的作物。有效体验虽然在短期内会削弱生产力，但从长期来看，它会令你更加积极、更加多产。

旅行就是一个很好的例子。旅行没有直接成果，但却被认为是对时间的有效利用。人在青少年时期要进行一场改变人生的冒险旅行——这一概念源自启蒙运动时期的"大陆游学"（the Grand Tour）传统。家境富裕的年轻人会花几个月或几年的时间沉浸在欧洲大陆的艺术、文化和历史之中，以此作为走向成人的标志。其背后的逻辑依据是：体验广阔世界具有重要的内在价值；旅行的长期价值远远超过了从事生产活动能获得的短期价值。

虽然"大陆游学"听上去不错，但实际上，当时全世界只有极少数富家子弟能做到花几个月或几年时间离开家探索欧洲，去欣赏伟大艺术作品，走进哥特式大教堂，从而提升个人素养。不过，古往今来，技术一直是体验的均衡器。在过去的 150 年里，旅行技术的进步让任何可以消费得起折扣机票和青旅床位的人都能来上一场"大陆游学"。在今天，普通人用较低的成本就能看到古时候富豪专属的景色。

廉价航班和无处不在的旅店普及改善了欧洲旅行体验，而许多时间与劳动密集型体验也早就使用数字技术对自身流程进行加速和简化。无论我们是想学习新知识、下载书籍与论文，还是单纯找个机会联系老朋友，对于那些外部世界无法实现的体验，我们都已习惯使用计算机来获取。未来我们的获取工具将换成虚拟世界。

虚拟世界的目的是为用户高效且可靠地提供满足感和有效体验。它们具备处理和管理复杂情况的独特能力，能够频繁且精确地生成高质量的内在体验。保证体验质量的关键在于我们要能够判断、量化及比较各虚拟世界体验的满足感和价值，这里的相关指标不只是用户注意力，还有短期和长期的活跃度。

最终，虚拟世界会成为复杂而生动的模拟器，用户通过功能丰富的人机界面沉浸其中，获得比现实世界还要多的满足感。为让大家理解这一变革的前景，我想提出两个概念：早期体验（near experience）和后期体验（far experience）。

▶ 早期体验和后期体验

在我的定义下，早期体验是指现有技术能为我们提供的体验，或不久之后将会出现的技术能为我们提供的体验；后期体验是指，我们根据技术发展趋势合理推测的未来某时期技术能生成的体验。在 25 年前的早期互联网时代，人们还在制作简陋的网站和低分辨率图形；而在今天，互联网早已变得时髦、华丽、高度功能化——我们可以通过这种对比来理解上述两种概念。我们现在处于互联网后期阶段。随着互联网的社会影响越来越广泛，体验的数量和质量与最开始天差地别，我们几乎感觉不到和互联网早期有任何关联。

当下的虚拟世界和大型多人在线游戏的早期体验也将与未来的后期体验迥然不同。但是，正如互联网一开始经常给人带来神奇之感一样，虚拟世界的早期体验也将对社会产生变革性影响。即使是现在，人们在虚拟世界里获得的社会体验和教育机会也远比现实世界要平等，比我们熟悉的互联网后期更加丰富。

以在网上建立人际关系为例，有很多从未谋面的人仅通过网上交流就成了好朋友。共同的经历让他们有许多共同语言，使他们产生了友谊——与社交媒体或电子游戏相比，虚拟世界能更为有效地促进这一过程。即使电子游戏中有社交环境，参与者通常也很少，而且他们不能同时讲话，或者与虚拟世界进行比较复杂的互动。（这主要是由于技术上的限制，对此我将在下一章具体讨论。值得一提的是，像 M2 元宇宙平台这样的新技术可以支持几万名玩家同时交流。）

研究表明，与陌生人成为朋友、建立持久关系的可靠方式是共享一段难忘的经历。贝弗利·费尔（Beverley Fehr）在《友谊进程》（*Friendship Processes*）一书中，将友谊的形成分为 4 个"双变量"，其中第一个就是"陪伴"（如共同活动或体验）。2004 年，芭芭拉·弗雷利（Barbara Fraley）和阿瑟·阿伦（Arthur Aron）在《人际关系》（*Personal Relationships*）杂志发表的一篇论文中指出，共同拥有一段有趣的体验更可能使互动双方产生亲密感。2011 年，尼古拉斯·约翰·芒恩（Nicholas John Munn）在《道德与信息技术》（*Ethics and Information Technology*）杂志发表了一篇关于虚拟世界友谊的论文，他认为，"共同活动是形成友谊的核心要素，因此同物理世界一样，人们在沉浸式的虚拟世界里也能产生友谊"。

虚拟世界将使得共同体验的生产成为工业化流程，并促进友谊的形成。虽然人们也能在网络游戏社区里交到朋友，但游戏社区往往只存在于它所属的游戏之中，用户的表达往往受到游戏设定的限制。作为元宇宙的组成部分，各类虚拟世界将不断发展、互相连接，参与者将会拥有更多社交和形成长期关系的机会去追求并发展出友谊。在一个可容纳数千人的虚拟场馆里，你也许能和某位明星进行一对一互动，包括一起被传送到其他世界、经历一场冒险等在现实中既不可能又不安全的活动；你甚至可能获得一份与偶像共事的虚拟工作。如果仅从便捷方面考虑，现实世界许多社交活动可能更适合发生在虚拟空间之中。例如在虚拟世界里，一场重大国际运动的政治集会可以同时聚集全世界的支持者们；一所消除任何歧视的国际性大学可以为全球各地学生提供教育机会。

虚拟世界早期也将大大改善互联网和现实世界的学习体验。在《黑客帝国》（*The Matrix*）里，基努·里维斯（Keanu Reeves）饰演的角色尼奥（Neo）逃离了所谓的计算机模拟系统之后，直接将一系列战斗技巧下载到了大脑中。计算机与他的神经直接相连，向他传授了柔术、跆拳道、中国功夫等作战方法。

在一个没有脑机接口的世界里，学会中国功夫或任何技能像按下按钮一样容易是不可能的。这样的未来并非遥不可及。上述电影场景体现了计算机辅助的学习体验在范围和速度上都远超现实世界。在现实世界，如果想要真正掌握武功，需要花几十年的时间去学习、冥想和训练。但在《黑客帝国》的世界里，尼奥能把冗长的学习实践过程压缩在很短的一段时间内。计算机并不只是把课本和理论输入尼奥的大脑，而是带他经历无数次模拟功夫战斗，积累足够经验，使尼奥快速掌握了功夫的艺术。

现实世界也有迅速习得技能的案例。英国"深度思考"（DeepMind）公司开发了一款名为"阿尔法围棋"（AlphaGo）的产品。它精通围棋技能，能自主研发策略，这让世界上最好的围棋手都惊诧万分。"阿尔法围棋"的学习方式是与自己快速进行大量的对弈并从中吸取经验。它的学习效率大大胜过人类棋手。我们若能进入由模拟世界组成的元宇宙，就能极大地改善学习环境，快速精进各项技能。

如上述案例所示，模拟器能帮助我们快速掌握现实长时间训练才能掌握的策略和技能。除此之外，它还可以为个人及集体提供之前未曾出现过的环境和体验，帮助他们应对现实世界的新情况。这些能够生产出"体验"的引擎将以过去的经历和记忆作为学习基础，在未来将成为人类的常用学习工具。

数字体验引擎可以应用于无数领域的学习。我们以战争和军事战略为例，几千年来，军事训练和策略规划一直无法做到完全准确，包括新兵训练营和军事演习在内，所有模拟训练的物理环境和心理环境均与实际战斗情况有所不同。同样，军事家制定的战斗和应急预案也基本都是纸上谈兵，正如谚语所说："计划赶不上变化快。"[1] 在实施计划前，没有人能知道它是否会奏效、是否有缺陷；如果实施失败，人们也来不及制订一个新计划。

在现实世界中，军事策略发展一直很缓慢。历史告诉我们，一支军队如果遇到新地形、新武器和使用非正统战术的新对手等情况时，就会输得很惨。例如，在第一次萨莫奈战争（Samnite War）期间，罗马人曾使用希腊方阵进行战斗，但他们发现这种模式不适合萨莫奈的山岳地形。在第二次萨莫奈战争中，罗马人经历了一场接一场的失败，之后才改用了全新的作战模式，将战术单位调整为更具机动性的"中队"（maniple）。最终罗马大获全胜，掌握了对萨莫奈的控制权，进而征服了当时西方已知的大部分世界。但是上一场战争的教训并非总适用于下一场战争；新敌人、新战术总会出现，而用旧经验应对新情况的犯错循环又将开始。

发生这种循环的一部分原因是军队打的仗不够多，也就是没能积累足够多的战场经验来更好地调整战略，获得最佳作战效果。本·威尔逊（Ben Wilson）在《深蓝帝国》（*Empire of the Deep*）一书中讲述了英国海军的历史。他写道，欧洲海军花了数百年时间研

1　原文为"No plan survives first contact with the enemy"，直译为"一旦与敌人接触，所有事先计划皆会宣告失败"。——译者注

究战术，最终才明白简单战术，如把战舰排成线性阵型后一齐发射，要远远胜过那些因混乱而无法执行的复杂计划。军事战略需要试错，如果没有经历足够多的试验，或者试验出错致使人员死亡，那么要花费很长时间收拾烂摊子。

虚拟社会将加速军队的学习过程，帮助他们为尚未出现过的战斗环境做准备，军事战略将不再依靠猜测、直觉和旧有经验。今天的军队可以利用一些公司（我想在这里自私地加上，包括我自己的公司）在元宇宙方面的开创性成果，反复模拟战斗场景，就像在与世界上最好的棋手对决前，"阿尔法围棋"模拟了数百万场对决那样。士兵们可以在虚拟地形中对抗敌人，反复进行战斗，并逐渐从结果中获得经验。这种模式可以应用于现实世界，帮助士兵们平缓学习曲线[1]，在实战中获得更好的结果。在计划部署前，如果你能使用虚拟空间把计划试验上一百万次，那么计划也就能赶上变化快了。目前的技术已能模拟一个国家的规模。在未来，模拟战争中表现最出色的军队或许就是实力最强大的军队。威廉·吉布森在《边缘世界》（*The Peripheral*）中设想了这样一个场景：人们通过模拟第三次世界大战，发明出了在模拟环境中观察到的新武器。

无论是早期还是后期，元宇宙都能生成与现实世界同等的体验。随着时间推移，一旦元宇宙达到了质变的临界点，与从前相

1　学习曲线是对某项技能学习速率的图形化表示。一般来说，刚开始掌握时，学习曲线最为陡峭，之后则变得平缓。这里作者是指，虚拟世界能帮助人们快速度过初级学习阶段。——译者注

比，我们将获得更为满足、更加实用的体验，学到更多的东西。虽然你可能很难想象人类能跨过这个分水岭，但请你回想一下第一章的古代元宇宙。要知道，在刻画他者世界方面，人类已经拥有了充足经验。一旦我们创造出了人类可以居住的他者世界，那么它将被赋予比现实世界还要重要的意义。

我们在过去的一百年已经见证，工业经济无法满足个体内在需求。"生产和消费能产生幸福感"这一假设漏洞百出，也不具有可持续性。相比于一个越来越不想承认和满足个体需求的世界，人们会把虚拟世界放在更高的位置，因为谁能提供最佳体验，谁就最有价值。

我所说的价值，不仅指内在满足感，也包括社会价值和可交易的经济价值。纵观人类历史，有重要象征意义的物品或社会关系已经创造出了巨大价值。随着体验增加，元宇宙将同样提供这样的商品和服务：收藏品、艺术品、声誉、人际关系等。近期的 NFT 热潮就表明了纯数字艺术品具备的价值。在虚拟社会时代，NFT 将成为图腾，成为重要经历的符号化数字表达；作为个人资产，它还能够安全地保存我们最为珍视的记忆。虚拟世界中的商品、服务、体验和工艺品的价值累积在一起，将在元宇宙内部和外部世界同时产生经济和文化作用，带来各种有益或有害的结果。

本章伊始，我曾谈到元宇宙背景下内在体验的工业化生产。与现实相同，元宇宙的工业化也将伴随着风险，某些人可能会试图攫取权力和利益。本书后半段将具体阐述此话题，但在这里我要指出，如果人类构建出理想化的元宇宙，其中一个虚拟世界不能再为你提供最佳满足感，你可以随时移居到另一个世界。虚拟世界之间的竞争会催生更好的体验，对所有人来说都是件好事。你如果遇到了发展瓶颈期，就可以踏上"大陆游学"的旅途，从新体验中获得新视角、新机会。

虚拟世界的通行货币是体验，货币的多少与体验的数量和质量挂钩。能最大限度满足用户体验需求的世界将蓬勃发展，相反，无法做到的世界终将溃败。德国作家约翰·沃尔夫冈·冯·歌德（Johann Wolfgang von Goethe）在《意大利游记》（*Italian Journey*）一书中写道，他在欧洲旅行是为"在所见事物中发现自我"。在元宇宙里，见到新事物不过是最初级的体验。那里将充斥着你能看到、感觉到、触摸到、拿到和使用到的物品，其数量之多超出我们的想象。虽然高级的图形技术将在视觉呈现方面发挥重要作用，但我所描绘的前景与图像复杂程度关系不大。重要的不是更精致、更复杂的图像，而是更深入、更复杂的互动方式。在下一章，我将具体解释这一观点。

第 四 章

虚拟世界的复杂性框架

2018 年的电影《头号玩家》（*Ready Player One*）是根据 2011 年同名小说改编的，它讲述了一个发生在虚拟世界后期的故事。这个虚拟世界叫作"绿洲"（OASIS），它包括人类所有活动的场地：购物中心、图书馆、社交聚集地、工作场所，以及各种冒险世界。"绿洲"是一个拥有先进图像技术和触觉反馈技术的沉浸式环境，允许无数参与者同时活动，无论运行奇异冒险还是日常行为都没有任何延迟和故障。在《头号玩家》中，现实世界是"绿洲"的反面，那里是人们急于逃离的荒芜之地。

《头号玩家》不是唯一一部设想虚拟与现实世界并存的虚构作品。从电影《黑客帝国》、《捍卫机密》（*Johnny Mnemonic*）到小说《神经漫游者》（*Neuromancer*）、《雪崩》（*Snow Crash*），流行文化一直把虚拟现实描述为一种与现实无异甚至超过现实的媒介。在其中，丰富而充实的虚拟世界与贫瘠而荒凉的外部世界形成了鲜明对比，导致人们倾向于把前者解释为操控人类的机器或逃离现实的虚无之地，就像现代版的"面包和马戏"[1]，用于缓解烦闷枯燥的日常生活。

流行文化中的幻想世界大多无意描绘人类未来，相反它们展现的是人类这一物种的缺陷。通过故事情节，作者们致力为受众讲述道德启示：虚荣和自负将使人类自食恶果，把地狱称作天堂。在他们笔下，虚拟世界的建设动机不纯，将致使真实世界逐渐衰败。它无法生产任何价值，因为其中的任何活动本身都不具备价值。构想未来世界的小说作家和电影制作人警示我们，虚拟世界只会伤害人类，让人类走上一条不归路。

大众目前对虚拟世界的体验和了解主要还是通过流行文化。各类书籍、电影和电视节目不仅为我们提供了认知模型，还影响了我们讲述虚拟世界的语言。例如，尼尔·斯蒂芬森在《雪崩》一书中创造了"元宇宙"一词且令"化身"这一术语为大众所知。威廉·吉布森在小说《整垮珂萝米》（*Burning Chrome*）中首次提出"赛博空间"（cyberspace）的概念，他将"赛博空间"定义为由计算机网络搭建的"大众一致认同的幻觉"。那么谎言体现在哪里？

一方面，科幻作品激发了思想家和开发者的想象力，帮助他们更好地构建当下和未来的虚拟世界，从而促进了元宇宙的诞生；另一方面，关于元宇宙是什么、将为人类带来什么、对外部世界会产

1　此短语源于一种古罗马时期的政治策略，即统治者向人民提供免费的面包和公共娱乐来保持社会稳定和自身的政治权力，现在引申为通过提供表面好处来掩盖或缓解深层次问题。——译者注

生怎样的影响，这些作品也造成了很多误解。它们能帮助我们构想未来，但同时也先入为主地把罪恶和腐败的性质注入虚拟世界。

真正的元宇宙不是科幻作品中用于推动故事情节的手段。我在第一章曾写道，虚拟世界从未与真实世界势不两立。恰恰相反，它曾在历史上为现实创造了无数价值，而未来也将如此。它的目标是生产出让现实世界更加丰富的有效体验和复杂体验，而不是要摧毁现实世界。在此之前，我们必须检视已有观念，将幻想与事实分开，为充满复杂性的未来指明方向。本章将围绕"复杂性"（complexity）展开。

想要实现科幻作品中的虚拟世界，人类技术还相差甚远。虽然观看电影后幻想出一个无限复杂的元宇宙很简单，但实际操作起来却很困难。在游戏产业，能被称为虚拟世界的游戏才刚开始在市面上出现，而且这些游戏只能允许少数用户开展非常基础的活动，发展空间还很大。

如果你不是游戏玩家，你可能会对这种说法感到困惑，因为至少从表面上看，游戏品质已经大有进步了。虚幻引擎（Unreal）和团结引擎（Unity）等为游戏制作搭建了实用前端，开发者可以使用便利趁手的工具制作精美的图形、动画和用户界面。这些前端搭配专业图形硬件，使得计算机实时渲染超现实环境成为可能，然而，让虚拟世界真正走进现实生活的联网技术、模拟技术以及后端（或称"服务器端"）技术却没有随之大幅度进步。

像"Unreal 引擎"这样的产品最多只能支持几百名用户在同一

个较为复杂的虚拟世界同时活动，而且如果这种模拟只用一台计算机来运行，游戏将很快崩溃。《魔兽世界》（*World of Warcraft*）拥有数百万玩家，但他们被分布在《魔兽世界》的众多复制品世界中，因此无法在同一时间进行互动。"分片"（sharding）极大地限制了玩家与世界以及各世界之间互动的连贯性。在居民极少的世界里成为最伟大的英雄没什么意义，元宇宙也需要扩大到一定规模才能具备价值。我将在后面的章节详述这一点。

讽刺的是，虽然科幻作品正确地预测到了解决这些问题的技术前景，甚至提供了细致入微的解决方案（如《头号玩家》提到的分布式模拟引擎），但是它们往往对元宇宙产生巨大误解。元宇宙的要义和目标本该是持续推动世界间的价值转移。在科幻作品中，人们总是想逃离或控制虚拟世界。由于情节需要，作者还会将笔下的虚拟世界描述为有输有赢的游戏，这本身就是一个略显混乱的概念。只有在科幻作品里，元宇宙的生活才是一场零和博弈。

我认为，未来的元宇宙与上述用来逃避问题的成瘾性环境无关。相反，它将为用户提供心理满足感和有效体验，改善用户的生活质量，进而改善外部世界。虚拟世界将为现实世界生产价值，而元宇宙就是价值转移的渠道。

我们现有的虚拟世界和科幻作品展现的虚拟世界之间存在差距，怀疑和误解随之而生。后者给前者提出了不切实际的期望，可能导致人们错误地认为虚拟世界必须满足特定条件才能具有"真实感"。此外，批评家和卫道士们也会凭借这些作品妄下断语，虚拟社会毫无价值、不够严肃，甚至威胁社会安全。但是，真正毫无价值的只是科幻作品中的虚拟世界——那些一味强调沉浸感和超现实图形、获得有效体验与内在满足感的机会少之又少、既不具备有效性又不具备复杂性的世界。如果我们要打造一个理想化的未来，就必须突破思维定式。

在现实和小说里，许多人在评价虚拟世界的质量和有效程度时，还把图形的沉浸感和真正有用的复杂性混为一谈。在他们看来，数字环境中的现实性大抵就是照相写实主义（photorealism）。这个世界里的数字化身看起来像真人还是卡通角色？这个世界里的场景像是真人电影还是影棚布景？当风吹过时，化身的头发能动起来吗？

他们往往认为，在这些方面表现出色的世界就是复杂性最高的世界。仅从图形的计算能力方面看，确实是这样，但这种观点对我们理解元宇宙的价值毫无帮助。复杂性的定义不止于此。视觉上的复杂并不意味着这段体验具有价值。虚拟现实和游戏的发展史已经体现出，虚拟环境的效用和价值来自体验的多样性、复杂性和有效性。因此，我们应当根据这些标准来判断虚拟世界的效用。

在第三章，我曾说到虚拟世界是自我决定和心理满足感的媒介。要想理解（我设想的，不是某些企业想灌输给你和乌托邦小说中的）元宇宙如何运作、为何构建，你必须首先理解虚拟环境语境下的"复杂性"究竟是什么概念。

在本章接下来的部分，我将探讨的是虚拟世界的复杂性。为了使你了解我们今天可以实现的复杂性和未来虚拟社会到来所需的复杂性，我将为你提供区分二者的工具。首先，我将简要回顾第一批具身的虚拟世界，以此来解释为什么在开发可持续复杂虚拟环境时，高质量互动比高质量图形更加重要。其次，我将引入"有效复杂性"（useful complexity）的概念，以此来说明深度（depth）在构建能够满足个体及社会需求的虚拟社会中有着怎样的重要性。最后，我将列举出复杂性提升至更高层级面临的技术挑战，还将解释为什么在评估某一世界或基础设施的复杂性的时候，"每秒通信操作次数"是最需要考查的因素。

关于复杂性的研究最终可能会让虚拟世界比现实世界更加真实，但我们现在还没能达到这个目标。一部分原因是今天的技术还不允许我们渲染出细节逼真的类人形象，但大部分原因不在于此。尽管当下有许多开发者重视自我决定理论，与心理学专家合作制作游戏，但还有更多人仍在把用户的沉浸感而非满足感放在首位；他们把重点放在游戏外观，而不是内部机制上。我们虽未到达虚拟世界的早期阶段，但却可以为虚拟世界的后期体验提出崭新的、积极的愿景；还可以努力构建一个增强而非削弱现实的世界，一个反映出人性最善良而非最邪恶的部分的世界。

在《头号玩家》的结尾，主角韦德·沃兹（Wade Watts）赢得了寻宝游戏，掌握了"绿洲"的管理权，他决定每周关闭"绿洲"两天，帮助"绿洲"居民重返现实世界。从根本上来说，这个结局令人沮丧，因为它意味着开发者在创造"绿洲"之时就没有考虑到用户的心理需求；也意味着虚拟世界若只重视视觉效果将酿成大祸。从早期的虚拟现实技术开始，开发者们就一直在犯这个错误。为了避免未来如科幻作品描述的一般灰暗，我们就必须重新调整思路，去认识虚拟环境里最重要的因素——复杂性。

▶ 双界记

1990 年，芝加哥某购物商场浅尝了一把未来时代的滋味。在儿童博物馆和主题餐厅旁边的场地，它搭建了价值数百万美元的"战斗机甲中心"（Battle Tech Center）：这是世界上第一个面向广大消费者的虚拟现实技术应用。只需 8 美元，消费者就能在封闭的"驾驶舱"玩上 10 分钟，报纸称之为"世界上最精美的电脑游戏"。"驾驶舱"里有一台大显示器，能显示在当时较为先进的图形，还有一个能和其他玩家交流的麦克风。"战斗机甲中心"联合创始人乔丹·韦斯曼（Jordan Weisman）在接受芝加哥电视台采访时说："普通街机与它的差距就像旋转木马和整座迪士尼乐园一样。"

"战斗机甲中心"热潮是 20 世纪 90 年代对虚拟现实（VR）的典型炒作。人类即将踏入崭新的、逼真的虚拟世界，这一愿景令投资人和技术评论家激动不已。有些人甚至预言道，虚拟世界将很快能够提供比现实更刺激的、更令人满足的体验。1991 年，一位专家告诉《体育画报》（Sports Illustrated）："（人们）如果能与虚拟的迈克尔·乔丹（Michael Jordan）打上一场虚拟篮球赛，他们将会废寝忘食。VR普及后，现实与它相比将大为逊色。"

许多技术投资人为之所动，将数百万美元投入了虚拟现实的研究和开发之中。"战斗机甲中心"很快扩展到全世界的几十个购物商场，其他面向消费者的VR应用也迅速跟进。所有人都认为，虚拟现实的卖点在于沉浸式的游戏体验。普通游戏是让玩家盯着屏幕玩，而虚拟现实直接把玩家拉到了游戏世界里。VR头盔提供了360°视角；数字手套让玩家的双手变成了控制器。沉浸式的图形赋予虚拟世界很大价值，许多人觉得未来已经到来。

但未来从未到来。到了20世纪90年代末，许多"战斗机甲中心"陆续倒闭，虚拟现实热潮也逐渐消退。其原因有几个：虚拟现实的概念超出了当时的技术能力；VR头盔很笨重，不舒适，而且对于普通家庭来说太过昂贵；VR呈现的沉浸式图形尽管在当时看来十分神奇，但客观上来说依旧粗糙，根本不像现实世界。由于平面设计师受制于硬件和软件工具，设计出可互动的逼真游戏场景比创作一幅照相写实主义的静态绘画要困难得多，而20世纪90年代的技术还不够先进。只用一盒蜡笔，很难画出理查德·埃斯蒂斯（Richard Estes）笔下的大作。

即使你能买得起VR头盔，你也不知道能拿它做什么。在20世纪90年代，大多数人需通过拨号调制解调器连接到计算机服务公司（Compuserve）和美国在线服务公司（AOL）才能访问互联网。不过当时的高速宽带几乎仅供大学和大型机构使用。如果无法连接到其他用户，你只能在数字空间里独自玩游戏，很快就会感到厌倦。

虽然 VR 世界图形复杂、视觉丰富，但在体验方面却十分贫瘠。VR 游戏好似一幅视觉陷阱画，看似内容多样，里面却没有任何可互动的实物。你既不能自由探索或自主决定游戏过程，也不能与其他用户产生任何有意义的互动，因为此时的计算机根本不支持对一个资源密集型环境进行大量实时连接，这就限制了这些世界能创造的价值。除了玩游戏外，并没有太多事情可做，甚至玩游戏本身的边际效益也在不断递减。

第一波 VR 热潮之所以失败，不仅因为图形不够逼真或者计算机技术不到位，还因为人们无法在虚拟世界中找到满足感。我们从中得到的教训是：想要维持一个活跃的虚拟世界不能仅凭逼真的外观。这个教训在今天仍然适用。没有互动式体验的逼真环境就像一个阴森恐怖的静态蜡像馆，或者充其量像迪士尼世界的游乐设施：风景虽美，但你必须待在既定的轨道上前行。一个只强调沉浸感的虚拟世界会暴露自身局限性，浇熄用户的热情。欠缺复杂性的后果就是如此。虽然今天出现了许多技术更先进的 VR 设备，但它们所呈现的世界大多仍平淡无奇。比起体验感和活跃感，人们更愿意在视觉呈现上下功夫。

其实有一些思维敏锐的人早已意识到满足感比视觉呈现更重要。1990 年，软件开发商奇普·莫宁斯塔（Chip Morningstar）和 F. 兰德尔·法默（F. Randall Farmer）在发表的一篇论文中提到了

VR 投资风潮，他们写道："在我们看来，这种硬件目前给人们带来的神秘感和欣喜感既夸张又有些错位。我们不禁觉得，真正值得关注的是一些更为紧迫的问题。"

莫宁斯塔和法默的工作也与虚拟世界相关，他们共同开发了一款名为《栖息地》（*Habitat*）的游戏。该游戏由卢卡斯影业游戏公司（Lucasfilm Games）于 1986 年出品，在早期网络服务提供商"量子连接"（Quantum Link，AOL 的前身）上运行。它可以说是第一个真正意义上的网络虚拟世界，也是最早提供高度自主感和满足感的实验性游戏。玩家可以根据个人兴趣和需求，自由探索开放世界。他们可以选择自己的数字化身，打造专属身份；既可以去寻宝，也可以与其他玩家交谈。《栖息地》是自我决定的培养皿。

玩家在游戏里自主开创了各种活动。有一名玩家创立了一份报纸，每周花 20 小时报道、撰写和传播《栖息地》发生的新闻。还有一名玩家现实中是牧师，搭建了一座虚拟教堂，用于主持虚拟婚礼。如果有玩家想要离婚，就会找到游戏里的虚拟律师来调解虚拟家庭资产的分配。玩家们甚至推选了一名警长，负责打击虚拟犯罪。

《栖息地》虽为模仿现实世界而生，但它的游戏环境极度粗糙，看起来就像一部简陋的卡通片。数字化身们用文字气泡互相交谈，背景结块成团，一点也不精致：大正方形或长方形代表房子，绿色长条代表草坪。然而视觉呈现并不是莫宁斯塔和法默思考的主要问题，他们认为，虚拟世界的居民更加重视"在游戏里能做的事、遇到的人，以及不同性格的居民如何影响彼此"。两位开发者写道，视觉精美程度则是一个"次要问题"。

《栖息地》于 1988 年下线，但其开放世界的架构和以满足感为中心的模式重新定义了虚拟空间，这些也体现在之后一系列大型多人游戏之中。从《第二人生》（*Second Life*）到《我的世界》，再到《星战前夜》（*Eve Online*），许多游戏和虚拟世界都采用了开放世界结构，在游戏允许的范围内，玩家可以自由书写命运。比起环境的精美程度，这些虚拟世界更侧重互动的复杂性和玩家的自主性。随着时间推移，这些游戏在玩家的日常生活中也占据了越来越重要的地位。

《星战前夜》是一个太空冒险类大型多人游戏，玩家在其中扮演不同种族的新星系殖民者。自 2003 年发布以来，《星战前夜》的游戏世界一直很活跃，赢得了许多玩家的喜爱。前记者安德鲁·格伦（Andrew Groen）自封为《星战前夜》民间历史学家。他按时间顺序整理了 2003 年至 2016 年游戏世界内的战争、联盟、风云人物以及重大事件等，所有这些都经过报道或核查。格伦已经出版了两本书，这两本书不是游戏的发展历史，而是游戏世界的历史。这也证明了许多人都把《星战前夜》当作生活的重心。

在《栖息地》和"战斗机甲中心"推出 30 多年后，虚拟环境变得更为丰富、更加实用、普及度更高。与此同时，视觉体验越来越逼真，视觉效果也越来越出色。不过，当今有许多优质的游戏会刻意降低图形保真度。以《我的世界》为例，这是一款风靡全球的开放世界游戏，玩家可在无垠世界里尽情探索。虽然《我的世界》

功能复杂，但外观却异常粗糙。其虚拟化身和地形由方块组成，画风很卡通，其视觉效果远远低于当今技术能够达到的最高水平。

玩家似乎并不关心这些。截至 2021 年 8 月，《我的世界》拥有超过 1.41 亿的月活跃用户。玩家似乎永远不会感到厌烦。他们总是在玩《我的世界》，总是在寻找塑造世界而不是让世界塑造自己的方法。虽然名义上来说这是一个开采原料、制作物品的游戏，但实际上玩家自由度很高。这款游戏已经成为年青一代的聚集地，许多孩子放学回家后会登录《我的世界》去拜访学校里的朋友。《我的世界》虽然不够逼真，但却能提供许多满足感及有效体验。

当然，在理想情况下，我们都希望虚拟世界既有沉浸感又有体验感，既有顶级的视觉又有顶级的互动。好消息是，人类在技术和文化层面正在逐渐接近这个目标。今天的数字游戏为玩家提供的是真实的互动性世界，而不是引人入胜的假象；计算机处理能力不断提高，现在的虚拟世界几乎可以实时容纳数千人；高速互联网接入和联网设备均已普及。距离我们第一次听说普通人很快可以与虚拟的迈克尔·乔丹一起投篮，或者可以在虚拟世界里漫步，已经过去了几十年，如今，元宇宙终于有能力实现人类的幻想。

作为这一领域的企业家，我不时会看到一些令我瞠目结舌的技术展示，不时会体验到未来元宇宙能够实现的惊人景象。例如，2021年 5 月，我创立的"英礴"（Improbable）公司曾把 4144 个人控制的4144 个数字化身同时放入一个虚拟空间，目的是让每个化身都能看到、听到其他化身并且做出反应，即大规模创造私有体验。

在一个密集的沉浸式虚拟空间中，有这么多化身共同活动，这一景象体现出了此次实验规模之庞大、互动之精细，参与者和观众也产生了窥见未来世界的集体兴奋。在测试中，我们启用了全体语音，于是成百上千的陌生人开始合唱托托乐队（Toto）的《非洲》（*Africa*），他们流露出的情感突然让元宇宙看上去鲜活而逼真。当你意识到这么多人都能听到你的声音，甚至会感到难为情。而在不久的将来，虚拟世界的人际关系网将更庞大、更具亲密性，既有《栖息地》的开放世界架构，又有虚拟现实老生常谈的沉浸式场景，制造出同时满足感官和灵魂的体验。为到达这样的未来，我们接下来需要讨论的是理想世界的衡量指标——复杂性。

▶ 有效复杂性

其实，我们早就知道如何量化、评估数字环境中的视觉沉浸感，如图像方面的像素、刷新率、分辨率，以及虚拟环境是否遵循现实世界中的物理规律和自然法则，等等。我们可以从以往经验出发，比较计算机呈现的事物和我们现实生活中看到的事物，由此判断虚拟空间的精致和逼真程度。

在电子游戏的早期阶段，游戏的视觉效果不太好，玩家无法得到真实的游戏体验。相比之下，当今制作水平最高的虚拟世界的外观可以做到极度逼真，玩家可以获得非常高的沉浸感。我们不难想象，游戏开发者们通常使用沉浸程度来评估模拟环境与实际环境的相似度，并在后续版本中努力迭代出更有沉浸感的产品。

为了使有效性达到最大化，我们需要设立一些评估虚拟世界体验感和满足感的类似标准，因为虚拟世界是为人们创造意义的地方。我们究竟如何才能为广大虚拟居民评估虚拟世界创造意义的能力呢？

在虚拟世界的语境下，我们可以通过两个主要标准来衡量体验的复杂性：第一个标准是个体间互动的丰富程度；第二个标准是在大量且复杂的变化一起发生时，这个世界是否还能维持社会的良好运转。这两个标准结合在一起，就可以衡量一个虚拟世界的有效复杂性。在虚拟世界的语境中，"有效复杂性"包括几个含义：其一，它指的是虚拟世界本身，以及虚拟世界体验的数量和质量。用户能拿起、持有并使用的物品越多，能自由探索的区域就越多；其二，能互动的化身越多，有效复杂性的水平就越高。衡量虚拟世界效用的标准就是现实世界。我们总是对现实世界的深度习以为常，这恰恰证明了它的精密度和可靠性。

我们可以想象一下自己正在参加派对，房间里挤满了人，即便你意识不到，但其实你能做好多事：你可以与房间里每一件物品互动，坐在椅子上、拨动电灯开关、浏览书架上的书籍、抓一把爆米花、用开瓶器打开啤酒；你可以到处走动，与参加派对的每个人畅谈；你也可以与他们进行非语言的互动，朝你喜欢的人点头、挥手，刻意避开你不喜欢的人；你甚至可以撕掉上衣，把灯罩戴在头上，成为派对的关注焦点；你既可以拥抱别人，也可以殴打别人；你还可以偷偷溜走，在房子其他区域散步，享受安静。你可以通过无数种方式与派对的环境和参与者进行互动，而且这些互动可能会对未来产生短期或长期的影响（例如你在派对上打了场架，也许下次开派对就没人再邀请你了）。

这说明，即使是我们无比熟悉的现实场景也具有无限可能。我们还要注意一点：在现实世界的派对上，你在享受个人体验的同时，其他人也在享受个人体验。（现实世界惯于擅长大规模创造私有体验。）不管房间里有多少人，你在聚会上的体验主要由个人选择决定，而非环境本身。确实，来派对的人越多，房间越热，想去厨房也越费劲，但是房子本身不会出现故障，整个场景也不用花时间来渲染。

最重要的是，全部私有体验将合而为一。每个参与者都能立即感受到环境的变化，奇妙而深刻的突发体验随时可能发生。我们从直觉上就能理解群聚的魔力。例如，足球比赛观众席的呐喊，需要几千名观众在一瞬间跟上彼此的节奏。

正如《头号玩家》的"绿洲"一般，科幻作品中的虚拟世界总能高精度且平等地为每一位参与者生成体验。今天的技术仍然难以做到如此高水平的有效复杂性。我们要想打造一个如现实世界般鲜活、具有无限互动可能性、参与者能不断加入且拥有平等体验机会的数字环境，就需要强大的计算机处理能力。这不是一个视觉方面的问题，而是通信和互联网方面的问题。

虚拟世界的系统必须能理解所有参与者的指令，同时还要为他们提供信息——有点像一个极速运行的巨型空中交通管制塔。本书重点虽不在于详述元宇宙计算机科学，但需要说明的是，实现这个程度的技术水平要比预想中难得多。即使像谷歌搜索（Google Search）或亚马逊（Amazon）商店这样的庞大系统，它们的运作也是通过解决"尴尬并行"（embarrassingly parallel）问题来实现的。当有两个人同时搜索"袜子"的时候，他们之间不需要交换信息，因此这两个搜索请求可以独立并行处理。然而，要构建一个互动密集的虚拟世界却不能使用这种方法，因为每位用户都要实时了解其他用户正在进行的活动。用户数量越多，难度越大。

在下一部分，我的重点将放在如何使通信操作达到最优解。不过现在我们可以说的是，随着技术的不断进步，我们在不断提高虚拟世界的互动性和普及性的同时，也在逐步优化虚拟世界可以提供的有效体验、扩大虚拟世界所能支持的用户规模。终有一天，虚拟世界里的派对会比现实更加精彩，参与者将获得更多的有效体验。你或许可以从多个角度去感知一场派对；也可以对一个拥挤的房间进行快速扫描，查到每个人的名字和职业。不过现在，我们仍需专心致志地解决虚拟世界的深度问题。

好消息是，虚拟世界并不需要完全达到现实世界的深度水准。《栖息地》虽然画风卡通，但在其中却形成了一个复杂的社会。只要虚拟世界的容量够大、承受力够强、足够持久，并且在那里某种行为会导致某种结果，虚拟社会就会自然出现。一个开放的世界若能促进用户互动、提供各种有效体验、允许自主行动，它就自然具备复杂性，人们也能利用这种复杂性去解决现实世界的问题。

如果一个虚拟世界的复杂性足以精确再现现实场景，那么就可以用它来模拟各种工作和消遣，如城市规划、灾害管理、新产品的开发与推广等，得出最佳的行为方式。虚拟世界将成为提出解答方案的"模拟器"，使社会从各种复杂情况中解脱出来，让我们更好地管理现实世界。无论是从个人层面还是从社会层面来看，虚拟世界都具备实际功用，也将创造出真实而持久的价值。

总结来说，一个真正实用的虚拟世界必须要做到：第一，支持无数人与人、人与物体之间的即时互动；第二，提供一系列不断升级的满足感体验；第三，创造价值，帮助现实世界更有效、更高效、更智能地运转。一个虚拟世界若能够满足这三个条件，它就真正达到了我们需要的深度和有效性。

但我们该如何去衡量呢？量化标准是什么？许多论述都缺乏实证严谨性（我将在下一章具体论述这一点），这些空头支票导致人们产生不切实际的期待，把现实发展同科幻作品、技术鼓吹者的虚张声势混淆在一起。为使大众辨别营销炒作和现实情况，我将提出一个可行的衡量标准，为开发者提供具体的努力方向，帮助他们构建出比现实世界实用性更强的虚拟世界。我认为，最佳衡量标准就是由敝公司联合创始人提出的"每秒通信操作次数"（communications operations per second），你可以把它视为元宇宙的兆赫。

▶ 元宇宙兆赫

如果你想设计出一款连小孩、猩猩和火星人都能玩的电子游戏，你很难做得比《乓》（*Pong*）更出色。1972 年，雅达利（Atari）公司发行了第一款卖座的电子游戏《乓》，它至今仍是史上最简单的游戏之一。这款游戏模拟乒乓球运动，在屏幕两边各设置了一条可移动的白色粗线作为"球拍"，中间的虚线则是"桌网"，玩家需操作"球拍"击打小球来回通过"桌网"。如果对手未能打回小球，玩家就得到 1 分。这就是游戏的全部内容。

在《乓》里有 3 个运动的物体：两个球拍和一个小球。在某一时刻，最多有 3 个独立的事件同时发生。"每秒通信操作次数"反映了模拟某一环境需同时发送的消息数量，用以衡量虚拟环境中可以同时发生多少个独立事件。举个例子，在我写作的此时此刻，一场可容纳 100 名玩家的《堡垒之夜》（*Fortnite*），每秒大约需要进行 1 万次通信操作。这个数字意味着服务器需要处理所有信息，并把处理结果迅速反馈到每个用户的机器上。

玩家数量越多或者游戏互动性越强，需要同步的信息也就越多，那么每秒操作次数将大大增加，这可能会导致游戏运行缓慢甚至崩溃。如果一个世界上满是愤怒的老虎，那么所有老虎每时每刻造成的破坏都必须呈现给每个能看到它们的玩家，这将产生巨大的通信负担。一个虚拟世界每秒通信操作次数越多，就会越丰富、越真实、越沉浸。这个指标量化了虚拟世界接近现实或超过现实的分界点。

科幻作品中的虚拟世界通常可达到无缝互动，由此我们可以判断出，它们的每秒通信操作次数近乎无限，但在现实世界中，无限并不可能。我们的每秒通信操作次数由技术能力决定，当我们接近技术水平的上限时，虚拟世界就岌岌可危。想象一下，有人在你的肩膀上施加了一公斤重量，而且每隔几秒就会再添加一公斤。在最初几分钟里，你还可以轻松承受，但到达某刻，你会开始挣扎，浑身发抖、大汗淋漓，无论如何努力，都不堪其重，最后轰然倒下。无论多么强壮，人总会有一个崩溃点。

对于一个虚拟世界和其通信操作水平来说也是如此。要想逼真地模拟现实世界，就需要达到惊人的每秒通信操作水平。我们可以回到上文虚拟派对的例子，一个理想化的虚拟世界不是要支持一个虚拟派对上发生的无数通信操作，而是要同时支持世界上发生的数百个虚拟派对、一场 5 万人的虚拟演唱会和一场战争。

若能做到全世界用户以极低延迟实时互动，每秒通信操作次数则需达到数十亿甚至数万亿，这绝对是一个巨大挑战。当有公司发布这种未来图景的精美预告片时，大众往往不屑一顾。即使你能支持这样的规模，到时候也会遇到新问题：这样一个规模庞大的设施，究竟该如何进行测试？如何避免安全漏洞或黑客攻击？如何能保证数字资产安全，确保系统稳定运行？谷歌等搜索引擎的复杂性超过地球上任何事物，堪称现代奇迹。但即便如此，它们的技术水平也远远无法达到一个人人都能实时参与的虚拟世界所需要的水平，二者根本不是一个量级。

分布式系统需要许多不同设备协同作业。根据经验之谈，在搭建复杂的分布式系统时，如果系统规模增加 10 倍，我们就需要使用完全不同的管理架构来应对更为艰巨的考验。今天，有许多公司声称自己离元宇宙只有一步之遥，但它们几乎都没有为上述复杂性问题提供实际解决方案。我希望本章内容能让你学会用质疑的眼光去看待外表光鲜亮丽的新产品或新公司。

在未来，虚拟世界将具有高度实用性。如上所述，规模是一个决定性因素。虚拟世界的价值随着参与人数的增长而增长。如果有数百万参与者，且他们都能获得丰富、复杂、充实的体验，那么这个世界将具备巨大的内在和外在价值。然后，我们将很快掌握量化这些价值的方法，由此虚拟世界也拥有了经济力量。如果虚拟世界能变得足够强大，能为用户带来最佳体验、实用性和满足感，我们将实现 30 年前 VR 曾承诺过的目标。人们将极大地享受沉浸在虚拟世界中的体验，不是因为想逃离现实生活，而是因为这里是增强版、改良版的现实。

关于虚拟时代，许多人预测的反乌托邦式未来至少说对了一件事：现实世界确实濒临混乱。虚拟社会逐渐到来，有一个问题逐步显现：我们会利用数字世界来逃避现实，还是拯救现实？科幻小说给出的答案是：人类将涌向新世界，放弃旧世界。我们当然可以做出不同的选择。我们可以利用虚拟世界，去解决现实世界的社会、经济、政治问题。

不过，虚拟世界如果无法与现实世界相连，就不会对现实世界产生影响。如果我们想进行价值转移，就必须在虚拟和现实之间建立一种强劲的联系。联结二者的网络即是我们所说的元宇宙。在本书接下来的几章里，我将深入探讨如何搭建并维持虚拟与现实世界间的联系。

第 五 章

意义之网

2021 年 6 月，脸书（Facebook）首席执行官马克·扎克伯格（Mark Zuckerberg）宣布，公司未来将向元宇宙领域发展。扎克伯格称，公司将打造一个沉浸式虚拟世界，改变人类工作、游戏、购物和生活的方式。脸书公司更名为"元"（Meta），将致力于搭建元宇宙这颗未来之星。

这一公告显然也是为了转移大众对其他问题的注意力，不过除此之外，没能激起什么波澜，因为扎克伯格等公司高管并没有真正说清楚元宇宙究竟是什么。提到虚拟现实和数字化身，人们总是闪烁其词，说元宇宙就是一个无限的空间，却无法具体解释它的本质和作用。脸书的元宇宙愿景也仅停留在空想阶段，它名义上是用户可以实现任何事情的地方，实则是空中楼阁。

在接下来的几个月里，脸书围绕元宇宙重塑发展目标，无数人也争相效仿，加班加点地绘制元宇宙的构想蓝图，想让自己的公司和产品在未来占有一席之地。社会对元宇宙的关注和元宇宙相关活动呈爆炸式增长，但这些并没有对澄清概念起到任何作用。恰恰相反，一年多以后，人们已经把数十亿美元和无数心血倾注在了"元宇宙"之上，但我们有时仍能感觉到连许多最基本问题都没能搞清楚。如果元宇宙的受益者真的是普通人，而不是建造、控制它们的少数人，这种情况就不该出现。

我认为，如果你不曾知晓古往今来各种虚拟世界如何存在、为何存在，你就无法理解由各个虚拟世界构成的数字元宇宙。其实，本书之前的部分主要都是为了下面的内容打地基。我们已经探讨过凝结人类想象和智慧的虚拟世界未来将如何生产丰富且实用的体验；这些体验将如何改善我们的生活。正如我在第三章中写到的那样，我们今天的技术水平已经能做到以前所未有的深度、广度、速度和精度来创造、完善、传播和迭代的有效体验。最终，我们将打造出可以支持数百万人同时参与且获得无数体验的虚拟空间。它将成为营造满足感的机器，利用惊人的规模创造出心理、社会和经济价值。我们不仅有能力搭建虚拟世界，更有义务去搭建虚拟世界。

出于对营销协同增效的期盼，许多公司也提出了元宇宙的华丽构想，但它们不具备有效价值，也根本不符合元宇宙真正的价值创造模式。这些公司提出的元宇宙模式以利润为导向，具有集中控制和不透明的特性，终将使人类分裂而非团结。即使"脸书元宇宙"成形，且该公司的强大资源使它拥有了巨大的竞争优势，我们也没有理由认为公司主导模式将是元宇宙的唯一形态。网站不止一个，电影不止一部，游戏不止一款，通信服务提供商也不止一家。历史上曾出现过许多元宇宙，未来数字化的元宇宙也将如雨后春笋一般。这些元宇宙组合在一起，还可能会形成元宇宙的元宇宙——"超级宇宙"（megaverse）。（敝公司的 M2 项目是把元宇宙连成网络的首批试验项目之一。）元宇宙的水准良莠不齐，其价值也有高下之判，但究竟该如何去评断呢？

我们已经探讨过虚拟世界和心理学的基本概念，现在我们终于走到了元宇宙的大门。接下来，我们可以开始对元宇宙下确切定义了。元宇宙是一个可以从多个入口进入的中心化虚拟空间，还是一系列相互独立的虚拟世界式体验的集合？一提到元宇宙，许多人只会想到游戏的虚拟世界，这真的就是元宇宙的全部内容吗？为说明模棱两可的说辞会如何误导大众，在本章我将仔细审视现有的元宇宙定义。我将解释元宇宙为何需要拥有一个可靠的有效定义，以及模糊的定义为何既是懒惰性思维的产物又是懒惰性思维的来源。我将借由历史证明，维持双边世界平衡是元宇宙运行良好的显著特征；由此，我还将探讨元宇宙如何产生意义和结果，如何通过参与者的创造行为不断拓展和成长。

在互联网时代早期，社会还不曾领悟网络的价值。从那时到今天，投资人和开发者基于模糊定义和短视思维做出了各种决策，这使得管控以社交媒体为主要载体的互联网过度行为变得极其困难。元宇宙提供了一个吸取以往教训、改善互联网环境的机遇，我们今后就可以在元宇宙的兆赫中努力创造出新的意义。但是，我们若想把营销炒作与现实情况分开来看，如实设置我们的期望值，就必须先了解元宇宙是什么以及不是什么。

▶ 元宇宙的本体论

如果让 10 个不同的人定义元宇宙，你很可能会得到 10 个不同的答案。这些答案包罗万象，却没有实质性内容。不过，人们的本意并不坏。元宇宙是什么？这依然是一个很难回答的问题。从《我的世界》等游戏发展而来的原始元宇宙虽然在现实社会掀起了一些波澜，但本书所设想的那种理想化的元宇宙还不存在，并且目前，元宇宙工程师们的构想和愿景都未能达成一致。

许多人曾为元宇宙下过定义，在此，我只列举一些我找到的较为合乎逻辑的定义，其他的我不再赘述。马克·扎克伯格认为，它是"更为沉浸的、更加具身的互联网"；乔恩·拉道夫（Jon Radoff）认为，它是"由各种世界组成的活跃的多元宇宙"；马修·鲍尔（Matthew Ball）认为，它是"可互操作的大规模网络，由实时渲染的三维虚拟世界组成，能为无数用户同步且持续提供存在感体验，其中的数据具有连续性"；施特劳斯·泽尔尼克（Strauss Zelnick）认为，它是"迷人的虚拟美景"，人们可以在那里"骑自行车、冲浪、开摩托、驾车、比赛、讲故事、听故事"；"边缘科技网"（The Verge）认为，它是"一个理想化词语，用于描述与现实生活及人类身体存在密切联系的数字化未来世界"。

我们需要注意，概念的混乱并非只是美学问题。首先，这些定义说法不一，这将导致投资人和开发者做出各种古怪行为。目前元宇宙领域集结的数十亿美元是应该投入虚拟现实和沉浸感体验的项目，还是应该投入其他项目？其次，虚拟世界的杀手级应用程序[1]是否能像未来世界的切·格瓦拉（Che Guevara）一样，一边骑着摩托穿越多元宇宙，一边讲述故事？模棱两可的概念导致人们在错误的观念上挥金如土。

在你把金钱、时间或注意力投入一个新产品或新项目前，最明智的做法就是事先了解该产品是什么、如何创造价值。如果你没能掌握确切定义，那么结果将很可能不尽如人意。1996 年，麦当劳（McDonald's）快餐店推出了一款名为"豪华拱门"（Arch Deluxe）的高级汉堡包，目标受众是成年人，以精致食材为特色。与之对应的是，其售价也比较高。麦当劳至少在"豪华拱门"上投入了 2 亿美元，但结果它却被视为餐饮界史上最失败的产品之一。事实证明，人们来麦当劳不是想吃"高档昂贵"的汉堡，而是想花 49 美分买一个可以坐在车里吃的廉价汉堡。麦当劳由于没有把自身定位和客户需求铭记于心，损失惨重。

我们再看一个离今天比较近的例子。在 20 世纪与 21 世纪之交，人们普遍不太了解互联网和万维网（World Wide Web）主要该

1　指具有极强吸引力的应用程序，消费者购买了相关硬件，很可能只是为了运行这一应用程序。——译者注

用来做些什么。虽然很多人持积极态度，但这种态度大多来源于一些不准确、不成熟、歪曲互联网本质和主要功能的宣传，如"虚拟货币""DVD 一小时送达"等。许多网站把自己说得天花乱坠，拉来许多投资，但最终都以失败收场。真正赚钱的是那些在互联网早期技术水平范围内运作的想法，如在网上卖书。虽然当时在网上买东西很贵，也很困难，但如果网店的选品质量明显高出实体店，那么消费者也愿意多花些功夫。书籍完全适用于此类情况。许多互联网企业的价值源于更有效地连接买家和卖家，但这在当时看起来并不像现在这样明显。

产品或服务的定义要想成为有效的定义，就必须阐明核心功能，尤其是因为在商品的设计和实施过程中会产生很多差异。我们讨论元宇宙时，如果只是轻率地说电子游戏就是一个元宇宙，数字世界就是一个元宇宙，"迪士尼 +"（Disney Plus）就是一个元宇宙，所有东西都是元宇宙，这是极其不负责任的。元宇宙概念的不断膨胀只对一些急于炒作它的人有利。在缺乏严谨定义和共同参考框架的情况之下，任何预测或诺言看起来都很合理，所有骗子摇身一变都能成为元宇宙专家。

对我们大多数人来说，听了太多虚幻的概念没有什么好处。如果人们听说生活将被一个他们不理解的事物彻底改变，那么这种本体论的混乱将滋生恐惧、蔑视和嘲讽；它还可能导致人们把钱投在亏本的项目里，而投资人一旦亏了钱，就可能会完全退出这一领域。因此，我们在定义的时候，要小心谨慎、思路清晰、目标明确。

元宇宙的现有定义有哪些不足之处？许多人对它的印象还停留在元宇宙"大师"马克·扎克伯格说的"更为沉浸的、更加具身的互联网"。这个定义有效性不强。马修·鲍尔（Matthew Ball）的定义——"可互操作的大规模网络，由实时渲染的三维虚拟世界组成，能为无数用户同步且持续提供存在感体验，其中的数据具有连续性"——可能听起来更具体，但如果你深入挖掘，好像也不是特别实用。最重要的是，上述定义过于泛泛。从《栖息地》到《网络创世纪》，从《第二人生》到《我的世界》，30多年以来，许多产品和应用软件已经展现出了虚拟世界的多种形态。把元宇宙简单归纳为虚拟世界，或者虚拟世界连成的网络，只是为高端电子游戏又创造了一个时髦代号。

"质量更高的虚拟世界"，这个想法不错，而且我在之前的章节也解释了它为什么不错，我们为什么要为达成这一目标而努力，但把它当作定义还远远不够。如果元宇宙本质上是一个虚拟世界，那我们该如何衡量它的价值？元宇宙的价值是否仅体现在它是一个物理上不存在的虚拟空间？如果是这样，那标准就太低了。或者说，元宇宙的价值与其沉浸程度和呈现能力相关？如果是这样，那20世纪90年代虚拟现实的世界就比同时代的开放世界游戏更有价值，而我们已经知道光凭这一点去比较是片面的。

我们再试一试。说元宇宙是一个虚拟世界不太够，或许可以说元宇宙是一个极其先进和沉浸式的虚拟世界，远远胜过我们以往搭建的所有东西——就像《黑客帝国》中的"矩阵"，或《星际迷航》

（*Star Trek*）里的"全息甲板"。在虚拟现实爱好者看来，VR技术达到顶峰就是"矩阵"和"全息甲板"——具身的、三维的、开放的空间，而且像后者一样，专门用于获得满足感。我们若真能开发出这种无瑕而广阔的虚拟世界，这将标志着人类科技的巨大进步。但它们可以被称为元宇宙吗？

我认为，"一个高质量的虚拟世界"也无法真正定义元宇宙。如果元宇宙只是一个比较精致的虚拟世界，我们就无法解释现实中为何有这么多人、这么多产品都想进入虚拟世界。毕竟，在《星际迷航：下一代》（*Star Trek: The Next Generation*）里，瑞克（Ricker）和皮卡德（Picard）也从未使用"全息甲板"去参观能制造出顺滑且清爽的红茶的伯爵红茶工厂。"全息甲板"和"矩阵"与现实世界是分开的，但未来我们要建设的元宇宙与现实世界是一个整体。你也许记得，"矩阵"诞生于机器统治的反乌托邦，它与现实世界的联系并没有给人类带来任何益处。

我们即便接受"元宇宙是一个高质量的虚拟世界"，仍然会面临比较哪个虚拟世界更好的问题。虽然在设定上，"矩阵"和"全息甲板"沉浸感相同，但质量方面哪个更高？如果你说"矩阵"更好，是因为有脑机接口吗？如果你说"全息甲板"更好，是因为人们可以自由进出，不被恶毒的机器所胁迫吗？我们该如何凭借经验实施评估？实际上，我们只能从非常肤浅的角度去评价虚拟世界，这就表明单从沉浸感出发无法定义元宇宙。很不幸，目前大多数元宇宙公司都把沉浸感当作主要指标。他们相信，一个元宇宙的价值与画面的精美和环境的逼真有直接联系。这种观念漏洞百出，浪费了不少资金。

也许我们可以通过衡量沉浸感、自主感、胜任感和满足感来评估元宇宙的价值。鉴于我们已经介绍过上述因素在虚拟体验中起到的重要作用，这或许是一个不错的出发点。但如果按照这个逻辑，梦境也能被算作元宇宙，这就有些问题了。毕竟，梦也是现实存在的沉浸式空间，做梦的人能获得许多有效的、满足的体验。斯蒂芬·拉伯奇（Stephen LaBerge）的清醒梦研究显示，梦也能改变人们的生活。一场美梦能让人获得最佳满足感，因为在梦里，物理学、经济学和自然规律的限制都不存在；做梦的人一般是故事主角，梦境本身也围绕着主角展开。因此，梦是元宇宙吗？如果是，我们为什么不想一辈子待在梦里呢？

这种逻辑讲不通。如果说度过人生的最好方式就是一直做梦，那就不会有人醒来。人们会定期购买镇静剂，《睡美人》（*Sleeping Beauty*）会被归为励志类书籍。但我们却知道，长眠不醒不是一件好事，也不是一个理想结果。我们直觉上就认同，能够离开梦境醒过来才是正确的生存方式。整天做梦会导致自己与社会和他人日渐疏离。人类不会孤身寻求满足感，所以我们参与社会运作、与伙伴同行。我们理想中有意义的充实生活，大多会涉及他人、社会现实和这个某种行为会导致某种结果的世界。

人类繁衍至今，几千年来创造出了众多对现实造成巨大影响的虚拟社会，社会联系能力必不可少。现在，我将提出定义元宇宙的基本思路。如果说人们玩电子游戏能获得满足感，那么元宇宙中的一个虚拟世界实际上就是一款社会成员共同参与的游戏。社会成员的参与行为生成了虚拟世界的价值，而元宇宙是该虚拟世界向现实世界及其他虚拟世界进行价值转移的渠道。由于缺失社会元素和价值转移渠道，科幻作品中的虚拟世界道德秩序混乱，成了逃避现实的虚幻之地，使人类偏离外部世界，转移到虚拟世界，无法向现实输送任何价值。

　　社会上比较流行的元宇宙定义都不够完整，逻辑也存在漏洞，要么是现有概念的同义词，无法让我们准确理解并评估元宇宙的核心功能；要么描述的是一个终将使参与者脱离原有人类社会的世界。为了得到一个更为有效的定义，我们必须探索虚拟世界与彼此、与现实世界的互动模式。构建的现实承载了人们大量的时间、情感、注意力和创造力，我们必须研究它与日常生活之间的联系。

▶　意义与元宇宙

　　在第一章我们曾讨论过，人类在几千年的历史中通过创造行为虚构出许多事件、观念和人物，并一直对虚构的世界保持信仰。这些世界的主要功能既不是解释现实世界运作方式，也不是让人们逃避现实，而是为人类开展活动、获取满足感提供思想基础。社会必须遵从这些世界的规则，为虚拟世界赋予真实性。虚构的世界之所以能够为人类社会持续创造意义，不仅是因为参与成员能获得成就感，还因为它们与现实相互影响、相互交融，还能为现实创造价值。

从前，古埃及人因崇拜亡灵而建造出宏伟的金字塔；现在，球迷们在球队战败后引发暴乱，在赢球后大肆庆祝游行。古往今来，想象力创造的宇宙长期与现实世界进行密切交流与联系。而元宇宙与虚拟世界或神话故事的主要区别则是双边性（bilaterality），即两个世界间的互相影响。

有些人认为，与虚拟世界相比，元宇宙只是内容和体验更为丰富一些。这种想法没能抓住元宇宙的重点。准确来说，元宇宙是一个由思想构成，能以多种方式与现实世界密切互动的"他者世界"。这些他者世界拥有共同历史与经济基础，还有以虚构故事作为神话基础。它们由人物、事件和物品组成，由集体信念所驱动，与创造出它们的现实社会互相联系，并且能对现实社会产生影响。

不过，"有两个或多个世界同时存在"并非元宇宙形成的充分条件。我们如果在火星和金星上发现了智慧生命，还开辟了一条星际贸易路线，在两地设立了定居点，那也只是让太阳系更为活跃，不会使火星、金星和地球组成一个元宇宙。我所说的他者世界在构建时非常谨慎并且符合社会规范，以达到一种类似真实世界的效果。同时，这些虚拟世界所呈现出的现实与"真正的现实"也有着一定的关联。

例如，在许多古代的元宇宙里，你在现实世界死亡后会到达一个他者世界，你生前的言行会影响到你在他者世界的地位。人们笃信死后一定会到那个地方，而且永远无法回到现实，这就将真实性注入了他者世界。这些"过境规则"表明，元宇宙中的各个世界虽然存在关联，但并不趋同。虚拟世界与现实世界是在某个接触点上进行价值创造和价值交换的。他者世界的社会结构为信徒创造的是机会而非问题。

因此，元宇宙的主要特征就是它能够连接现实世界和虚拟世界，能够在二者之间建立一个有意义和价值的网络。元宇宙是由结果和意义组成的网络，参与这些网络让我们成为一个完整的"元自我"。意义从他者世界直接流向现实世界，又从现实世界流向他者世界。社会对他者世界的存在和美好持续保持信念，这种信念将产生可以触及社会所有方面的现实价值：为艺术、音乐、文学和建筑作品提供灵感，创造文化价值；衍生传统习俗，团结社会成员；为本质上平淡无奇的事件和活动注入深度，引起广泛共鸣；为法律和行为规范提供思想基础，加强社会稳定性。

一旦你理解了他者世界的观念确实能在现实创造出有形价值，你就更容易理解我们为什么要从古代的元宇宙、现代体育的元宇宙走向"数字体验构成的元宇宙"。古代元宇宙虽在当时起到了很大作用，但其中的信息和体验是静止的。此外，祭司和占卜师是大众接触元宇宙的唯一渠道，他们可以随心所欲地拓展、限制、解释或废除元宇宙的各种概念。（与球队老板和体育联盟专员没什么不同。）例如，4 世纪召开的尼西亚（Nicaea）和君士坦丁堡（Constantinople）大公会议就集结了当时的基督教领袖，议程包括解决基督教分裂问题以及修订圣三一教义，等等。今天基督教信徒们熟记于心的教义，实际上是由早期基督教领袖们聚在一起制定的。

数字化虚拟世界将直接而清晰地与现实世界产生联系，欢迎所有人输入信息。它将为越来越多的人提供有意义的参与体验，因此，它的经济和社会价值将超过所有古代的元宇宙。这不只是因为数字化虚拟世界的体验更逼真、更即时，更重要的是因为它会促进更多世界间的交流，允许每个人表达创造能力。在这种模式下，元宇宙的力量得到了成倍的增长，因为除了在个体生活中发挥作用之外，它还为文化的他者世界增添了新功能。我们若把职业体育或宗教等活动视为社会参与的某种生产性游戏，就能更好地理解这些"元宇宙式消遣模式"的社会效用。

元宇宙是结果和意义在人们同时参与的多个世界间进行转移而形成的网络。这些世界包括一个以上的他者世界，还包括一个物理世界。这个网络遵循人类制定的规则，而非自然或物理规律。例如，当你的数字化身在《堡垒之夜》（*Fortnite*）中死亡时，你在现实世界中依然活着。人类的创造行为设定且拓宽了他者世界的边界以及他者世界与现实世界的关系。这里的"创造行为"指的是服从他者世界的规则、扩展他者世界的现实从而引发元宇宙有效变化的技能。创造行为与单纯的创意（creativity）不同。如果你想对元宇宙中的一个世界做出改变，你的行为必须符合元宇宙的社会规则。在显性及隐性规则框架之下，集体创造行为将不断改进元宇宙的意义之网。

在元宇宙中，既有现实世界，也有由现实世界中的我们创造的他者世界。在他者世界里体验到的满足感在回到现实生活后仍然存在，这是价值转移最简单的形式。我们还可以在虚拟世界里创造名誉或财富等有形价值，并将这些资产转移到现实世界中。某个社区集体参与的虚拟世界仪式可能会改变他们现实生活的方式，如果你曾迷恋过电子游戏，你就更能理解这一过程。

价值流动的方式有很多。我们可以想一想当今的经济模式对无形价值的依赖程度，也许就能理解价值转移将在人类社会中占有怎样重要的地位。能被创造和转移的价值可以是社会价值、内在意义、身份认同或复合性价值。随着他者世界的丰富和发展，越来越多的人一起为其添砖加瓦，这些世界产生的价值也会被无限扩大。数字资产经济将会使价值转移有形化，让虚拟空间的魔剑和现实世界的股票一样真实。

根据梅特卡夫定律，网络的价值与该网络内的节点数成正比。这一定律也适用于参与人数和有效体验日益增长的元宇宙，但前提是，各个虚拟世界间的连接应具备有效性。如果一个元宇宙的实用性和意义性比较强，它的价值就会更高；如果一个元宇宙只是一群离散的世界，彼此间不产生交流，它的吸引力就会比联系密切的元宇宙低上许多。

这就是我对于把几十个电子游戏整合成一个宇宙持有怀疑态度的原因。即便我们克服了技术障碍，成功把原本互不相干的游戏连成一个宇宙，在我看来，它们也很难形成有效交流。在这个宇宙中，霍比特人或许可以挥舞着《光环》(*Halo*)中的机枪把伏地魔打成重伤，但此番景象很可能会打破各游戏原有的世界观设定和价值体系。(霍格沃茨将见证非常奇怪的一天。) 我们可以用现实世界的情况来考虑元宇宙网络的应用。跨界合作在时尚界、体育界和音乐界已经极其常见，所以我们可以想象，这些领域也将为虚拟体验和意义之网提供肥沃土壤。而游戏和知识产权等元宇宙"土著"将会对这些领域的价值转移做出更有成果的贡献。

驱动元宇宙的创造行为与驱动艺术和文化的创意行为不同。创造行为要受到规则的限制，因为你发起的一个小小变革可能会影响到元宇宙的数百万居民。创造行为以解决问题为原则。在虚拟世界中创造有形价值和有效体验需要创造者遵守现有世界规则。艺术和文化方面的创意行为，目的是娱乐、激励或感动受众；而创造行为的目的是吸引受众加入，和他人一起改进和扩写作品。创造行为是创造者在规则之内的共同创意行为。

创造行为要求元宇宙的参与者在规则体系内认同创造出来的新事物或新价值。与创意行为不同，创造行为赋予人类强大的支配力，使我们能对社会、他人和世界产生深远影响。元宇宙给予我们的不是解释世界的能力，而是塑造世界的能力。

人类要想改变元宇宙，就要使用解决问题的能力，而非单纯的创意能力，纵观历史均是如此。罗马帝国成立之初，在尤利乌斯·恺撒 (Julius Caesar) 被暗杀后，元老院和罗马民众决定将他神化。苏维托尼乌斯（Suetonius）在《罗马十二帝王传》（*The Twelve Caesars*）中写道，元老院公布了一项裁决，"赋予（恺撒）以神和人的所有荣誉"，从此，罗马世界的平民总是抓住一切机会讲述恺撒的故事，一心一意将他奉若神明。苏维托尼乌斯举例说："在继承人奥古斯都（Augustus）为纪念恺撒举办的首届运动会期间，有一颗彗星总是在 11 点左右亮起，如此连续 7 天。人们认为它是恺撒的灵魂正在升入天堂。"

这个例子很好地阐释了创意行为和创造行为的区别。让某人升入天堂、将某人神化等行为不是任何人都能做到的，必须经过元老院和全体人民的同意。提出这种改变的人必须遵守现有规则，甚至要为奇迹或预兆提供证据。

这是古罗马人常用的世界创建方法。在西罗马帝国，人们曾先后用各种方式将几十个人奉若神明，如巧妙解读自然现象以证明其神的身份；建造神庙和雕像，进行社区集体的崇拜仪式；创造艺术作品，扩写神的故事。苏维托尼乌斯写道，在奥古斯都死前，一道闪电劈中了奥古斯都雕像上面"恺撒"[1]的字母"C"。这一事件被解读为，奥古斯都死后"将与诸神同列，因为他名字中的'恺撒'去掉了'C'是'Aesar'，在托斯卡纳语中表示的是'神'"。尽管被神化的是死去的帝王，但他们的神性依赖于无数相信他们升入天堂、用神话在现实世界创造意义和价值的百姓们。罗马帝国覆灭之

---

1 奥古斯都的全名是盖乌斯·尤利乌斯·恺撒·屋大维。——译者注

日，就是帝王跌落神坛之时。

如果古代元宇宙突然变成线性的真实，就像火星和金星一样，那么它们对人类来说就不是特别实用了。宙斯等奥林匹斯的神遥不可及，常人无法看到他们，也无法与其交流，这就给信徒们留有更多创作空间去赞美、崇拜和理解他们，去创造更多的故事、歌曲、艺术作品、社会规则等丰富且持久的文化产品。

如果每个人都能看到宙斯呢？如果宙斯每周二都要在雅典出现，要求人们对他进行崇拜呢？我认为，这将大大降低神话的效用，人们将再也无法解释预兆，或者参照神谕进行社会变革。虽然说起来有些厚颜无耻，但即使有真正的神，人们或许也会发明出其他的神来填补社会需求。

同理，如果元宇宙只是一款电子游戏，或者是几个被严格限制的世界，参与者就没有必要去创造新体验和新内容。开发者直接实施自上而下的控制，把其中一切事物都建设完毕，为用户创造无缝的体验。此时，掌控意义和价值的是开发者。这种模式并不是元宇宙的模式。

元宇宙不是一个传说、一项传统、一段体验，而是一个创造行为的矩阵，将所有互相交流的世界联系在一起，让各世界保持相对稳定和独立的同时促进价值和意义的转移。这座桥梁，这种交流，连接的广度、深度和强度——这是元宇宙内价值转移的渠道。联系越密切，容纳力越强，元宇宙就能产生越丰富的意义、结果和体验，吸引更多的人参与进来，一起扩展元宇宙的规则和范围。

上述所有前提最终将为人类所用。我们可以利用这些参数从不同角度评估元宇宙的价值，避免出现问题，造成负面影响。当元宇宙达到最理想状态时，人们可以自由创造价值，价值将在世界内部和世界间自由流动，在某个世界、某一体验中获得的某种价值也将影响到其他世界。元宇宙将广泛激发参与者的思维和创造能力，创造体验、赋予意义的权力不会只掌握在少数人手里。坚持民主原则、实施民主参与，无论是元宇宙还是整个人类社会都将从中受益。参与者越多，吸引力就越强。我认为，这才是一个值得我们为之努力的元宇宙。

▶ 用两段文字定义元宇宙

现在，我们可以把以上所有观点总结成一个完整的元宇宙定义。元宇宙是现实的集合，包括物理的现实和社会观念的现实。元宇宙中存在各种事件、物体和身份，它们均可被各个现实调整、修改。元宇宙的作用是促进各个现实中重要体验和满足感体验的增加。价值以多种方式在各个现实之间转移，包括社会凝聚力的增强、珍贵文物的创造和商业交易。元宇宙不需要涉及通过具身的VR 等沉浸式技术来访问其他现实，但如果这些手段能够生成更具满足感的体验，或者能参与元宇宙核心商业模式之中，它们就具备价值。世界之间的相互作用以及随之而来的创造和价值转移是虚拟社会的基础。

但还有一点至关重要。如果仅从以上内容出发，你构建出的宇宙很有可能精美、逼真、沉浸却毫无实用性。一个他者世界如果无法制造出可与其他世界连通的事件、物品或体验，无法参与到意义交流的网络中，或者不能容纳大量社会成员，那么它就不具备任何价值。相反，某个世界即便视觉呈现如《栖息地》一般粗糙，却为多元发展提供了肥沃土壤，允许个体和社区自主寻求满足感，开展生产活动，它就具备极大经济价值。以《我的世界》为例，它的外观虽不太精致，但却是一代未成年人的社交根据地。

▶ 元宇宙文明等级

我们已经对元宇宙下了定义，并且提出了元宇宙创造价值的方式。接下来，我们拥有了一个激动人心的机会：为元宇宙未来发展指明方向。我们该如何判断虚拟社会已经成熟？又该如何合理预测未来？苏联天文学家尼古拉·卡尔达舍夫（Nikolai Kardashev）曾设计出衡量文明先进程度的卡尔达舍夫等级，我本人也是此种方法的忠实粉丝。卡尔达舍夫等级根据某一文明所能利用的能源量级来简要判断该文明的发展程度。它共包括三个等级，大约以今天的人类文明为起点，终点是可以控制整个星系能源的理想化文明。

受卡尔达舍夫等级的启发，我也想提出一个量表，用以衡量一个文明创造其他现实、改善居民生活的能力。我们虽然无法预知跨越等级的具体方式，但我们能大概预测出元宇宙发展过程中几个重要的里程碑。我认为，元宇宙文明等级应划分如下：

一级虚拟社会：一个文明创造的他者现实仅表现为语言和思想。这也是目前人类文明达到的水平。宗教、体育和文化领域的宇宙为日常生活赋予了更多的意义，开辟了新的经济价值，提高了社会的凝聚力。在一级虚拟社会中，普通人可以为他者世界添砖加瓦，但实际操控者仅限于精英阶层。虽说成千上万的信徒组成了宗教，但最终主导祷告仪式的还是牧师。

自大众传播媒介出现后，人类可以将他者世界具象化，并能沉浸式讲述故事。娱乐产业出现了新的互动模式，让人们越发感觉到这些世界真的存在且真的重要，但实际上银幕和《魔兽世界》里发生的事都不太可能对现实生活产生直接影响。一级虚拟社会可以有效"构想"出他者世界，但这些世界本质上与现实脱节，无法与现实世界展开有效沟通。《魔兽世界》虽妙趣横生，但却不是社会的必要组成部分。

二级虚拟社会：随着技术进步，许多规模庞大的虚拟世界出现了。这些世界不仅为人们提供独具一格的娱乐方式，它们本身还是互操作经济的一部分，其中包含可进行价值转移的数字资产、身份和体验等，直接影响人类现实生活。未来几十年，我们或许可以看到这一景象。社会结构将经历深刻性变革。在二级虚拟社会中，普通人可以塑造他者现实、创造或丢失大笔财富、建立重要人际关系。最为重要的仍然是物理现实，但其中的社会、经济和政治秩序将极大地受到他者现实的影响。

相较于上一阶段，社会成员将普遍感觉到生活水平有显著提高。在二级虚拟社会阶段，人类将发展出更高水平的沉浸式体验技术和更复杂的他者现实，但所有的他者现实仍然只是数字化现实，用户只能通过屏幕和电子设备访问这些世界。整个社会依旧受制于与今天相同的物理规则。

在我看来，人类进入二级虚拟社会最显著的标志就是经济领域的变革：在元宇宙中从事全职工作的人数达到一定比例；他者现实的商品和服务成为经济主体。以上两个因素是划分第一和第二阶段的重要依据。在一级虚拟社会中，人类或许能创造出许多具备复杂性的虚拟世界，但它们并不是经济主体。

三级虚拟社会：人类能够完全进入模拟或构建的现实，并且在那里开展生活。这种物理意义上的栖居状态可以通过脑机接口实现，这或许是因为那时的人类就是由计算机代码组成，也可能是因为他们使用了我们现在无法想象的奇特手段。怎么实现并不重要，重要的是社会组织模式将被人类的存在方式彻底改变。

三级虚拟社会的成员生活在完全由自己创造的文明之中——这将是怎样一种生活！也许，时间在不同世界里以不同速度流动，一个世界的几百年相当于另一个世界的一年。也许，你可以把龙杀死，霸占它的洞穴。这是一个拥有巨大可能性的时代。与上一阶段相比，三级虚拟社会的文化产出、经济产出，甚至居民数量将实现质的飞跃。此时，数字现实所需的能源将远远少于物理现实，某世界总人口达到数万亿也不再是天方夜谭。

在三级虚拟社会中，一个人可以同时拥有成千上万种平行生活。此外，失去物理限制之后，人们可以自由结成群体，进行合作和创造。在这个社会里，各种体验、机会和文化产品将比太阳系中全部资源所能生成的东西还要多出上亿倍。即使今天的我们耗尽太阳能量，拼尽全力制造新物品和开发新场地，都无法达到三级虚拟社会的水平。此时，运行迟缓、处处受限的现实世界将只用于为其他世界提供资源和驱动力。最重要的是，个人实现的机会仅受能源供应限制，只要有能量足够生成新体验，获得满足感的机会便近乎无限。

未来，在白天我们能通过衣柜到达另一个世界，到了晚上还能回到地球吃饭。"纳尼亚式"元宇宙虽留给了我们无尽想象空间，但终究离现实还很遥远，它也并不是本书主要想讲的内容。我将在本书最后一章讲述三级虚拟社会，但在接下来的三个章节，我们要先探讨二级虚拟社会，以及如何实现从一级到二级的跨越。下面第六章的内容是人类如何构建元宇宙；元宇宙相关利益方应如何扩大联系网、吸引参与者，实现意义和价值生产的最大化。

第 六 章

交换模式：
元宇宙最佳组织模式

虽然我这么说可能会弱化本章和整本书要解决的问题，但不得不承认，打造一个能与现实世界相互交流的世界其实并不难。毕竟，虚拟世界已经在人类历史中存在很长一段时间了。在今天，数字化世界也对现实生活产生了不小的影响；网络虚假信息能极大地影响现实投票选举结果就是一个典型例子。但是，人类社会要构建的元宇宙不应对任何信息都无限包容，就像一条有鱼也有垃圾的河流。人类面临的挑战是如何构建一个具有普适性价值的元宇宙，一个能改善各种现实的元宇宙，就像赫拉克勒斯（Heracles）用阿尔菲厄斯河（Alpheus）与皮尼奥斯河（Peneus）的水冲洗奥革阿斯（Augeas）臭烘烘的牛棚一样。构建元宇宙从难度上看并不亚于赫拉克勒斯的苦差事。

在上一章，我把元宇宙定义为连接物理现实与他者现实的结果与意义之网，它支持各个现实之间进行价值创造与价值转移。元宇宙的发展将受到创造力和市场因素共同驱动，形成一个包含了创作者和投资者的关系网。关系网中的成员背景各异，但每个人都将在开发过程中担任特殊角色。

首先，元宇宙需要完善基础设施，即维持各世界运行和互相交流的软件和硬件。此项任务将花费巨额资金。元宇宙及其基础设施的早期科技发展离不开投资人和投资机构的支持，也离不开初创企业、科技公司和独立开发者在创造与改良方面的努力。他们都期待获得回报，这无可厚非；关键是要防止他们索取无度，对元宇宙实施完全控制。

其次，基础设施建成后，元宇宙还需要内容和体验。现有知识产权主体会想尽办法将作品融入虚拟世界，艺术家、作家、音乐家、电影人等创作者也会在元宇宙中进行创作，此外，个人用户还会以各种方式自由创造元宇宙体验、拓宽元宇宙疆域。

最后，服务和内容一样重要。企业将通过提供商品和服务增强元宇宙用户的体验感，进而增强各虚拟世界的有效性和实用性。随着时间推移，元宇宙规模逐步扩大，重要性逐步增加，这些服务型企业构成的经济体将与现实世界一样真实。一个元宇宙的多元程度表现为各个世界之间内容和服务的差异性。由同质化的虚拟世界组成的元宇宙自然枯燥无味。不同世界有不同的视觉特点、社会习俗、重点事项和思维观念。用户将创造行为构建出各种丰富多彩的世界。

元宇宙的产生和发展将由元宇宙居民决定。这些决策有可能是理性的，也可能是非理性的。决策者可能是某个人、某家公司，还可能是某个团结一心的集体。虽然我们希望大多数人行动目的纯洁，且主观上想让元宇宙变得更好，但不可避免的是，有些决策者很可能抱有恶意、自私、错误的想法，只想利用元宇宙中饱私囊。

如果你是元宇宙的开发者或者未来的元宇宙居民，而且你想把元宇宙的社会、经济和心理价值发挥到最大，本章将为你们提供相关思路。首先我们要讨论的是，元宇宙的开发者的角色为何更像园丁而非建筑工程师，对于一个尚未成熟的生态系统为何要进行培育和照料，为何不能给它设置固定的结构；其次，我们将讨论协调网络的最佳方式；最后，我将列出高质量元宇宙有哪些组成部分、每一部分的负责主体以及连通各部分的方式。

我在上文提到，元宇宙类似于一个社会共同参与的游戏，只不过它会产生现实后果，其目的是让参与者获得满足感而非逃避现实。这个游戏是一个有生产力的游戏，它的概念建立在社会构建的意义世界之上，并以社会成员的共识为基础。元宇宙居民按照个人意志行动，自由组成集体，为虚拟世界添砖加瓦，最终从丰富的内容中获得满足感。只有当所有用户都有机会影响到元宇宙的运行、发展和成果时，元宇宙才会实实在在地提高参与者的生活水平。

▶ 涌现复杂性

从实际情况来看，元宇宙将成为一个即时的大型复杂模拟系统，这一系统同时受到经济和社会层面的调节，将衍生 NFT 和区块链等价值存储和价值转移机制。人类若想成功开发出一个真正有价值的元宇宙，就必须集结各领域人才，付出巨大努力。我们需要优秀的程序员、设计师和工程师，经济学、组织行为学、社会行为学和伦理学领域的专家，资深和新兴艺术家，还需要与政府和领导人合作。只是加入可不行，他们还得合力协作。

一般来说，你如果要建造一些具有某种功能的东西，最好事先掌握具体规格。无论是房子、汽车、电脑还是"宜家"（Ikea）家具，你如果想达到其预期功能效用，在组装过程中就不能随心所欲，要严格按照施工图纸或说明书操作（搜索"宜家组装失败案例"，即可看到即兴发挥的后果）。

同样，我们也需要为元宇宙的基础设施制订建设方案、明确技术规范。针对驱动元宇宙的硬件和软件，我们必须进行协商和沟通。随心所欲在这些领域行不通，因为在可用性和互操作性方面会出现严重问题。

元宇宙的基础设施必须统一建设，也就是说，电缆敷设的过程不会参考任何社区的意见。基础设施的建设者和消费者界限分明——我在上文提到过，建设者不会希望自己的投资是竹篮打水一场空。但在基础设施建设之外，元宇宙的发展将完全摒弃说明书的概念，它会像艺术运动一样，无法预测且不可控制。如果人类社会想要让元宇宙达到尽善尽美，就要对它实施管理，不应让基础设施建设者享有支配权和绝对获利权。

如果说基础设施建设的过程是固定且单一的，那么内容填充的过程则正好相反。程序员约翰·卡马克（John Carmack）指出，如果刻意去创造元宇宙，我们就会失败。我认为他的意思可能是，我们不用为元宇宙的文化和内容精心描绘蓝图，只需创造一个利于文化发展的良好环境，元宇宙就将以不可预知的方式通过不断迭代后自发形成，每位参与者的决定都是塑造元宇宙的一部分。

"涌现复杂性"（emergent complexity）这一哲学概念指的是，在一个复杂系统中，各个组成部分以不固定的方式与彼此和环境相互作用，系统中的元素将有机地、不可避免地形成某种系统早期无法预测到的模式、类别和交流方式。2015 年，玩家在开放式模拟游戏《矮人要塞》（Dwarf Fortress）里发现了大批死猫，尸体上还总有它们自己的呕吐物。一段时间后玩家们才意识到，这些猫生前曾路过游戏里的酒馆，猫爪沾到了地板上洒的啤酒，它们后来在进行身体清洁的时候舔到了爪子上的啤酒，最终因酒精中毒而死亡。在一个系统中，即使是小角色也可以自主行动，他们偶尔一起合作，总是受到彼此影响，并因此而变化和成长，往往产生独一无二的模式和出乎意料的结果，而这些模式和结果只能在宏观角度表现出来。

当你从飞机舷窗向下俯瞰，你会发现道路、建筑和街区的排布方式十分精妙。当你在街上看自家花园，你会看到修剪番茄苗时看不到的景象。系统的复杂性随着组成部分的增加而不断涌现，当各个组成部分能够自发地相互作用并决定自身的发展方向时，系统的深度就得到了增强，系统包含的意义就得到了丰富。

涌现复杂性与行为主义理论背道而驰。激进行为主义认为，严格控制系统的输入就能实现严格控制系统的产出。涌现复杂性也与我们这个时代的生产理念背道而驰。今天的社会通常要求工人在规定时间用规定方式完成任务，不接受过程中的即兴发挥。但在高质量的应用软件之中，涌现复杂性即为精髓，没有它，虚拟社会也不会出现。

开发者永远无法预测用户使用软件和程序的方式。以推特（Twitter）为例，它最初只是提供短信服务，人们用它来发送地理位置。后来，推特发展成为一个全球性的迷你博客，无论好坏，都已经成了政治和国家治理中不可或缺的一部分。还有一个例子是"速通"（SpeedRun），也就是尽可能快速通关的数字游戏玩法。"速通"玩家组成了一个强大的社区，他们之间相互竞争，比谁通关的时间最短。20 世纪 80 年代给《超级马里奥兄弟》（*Super Mario Bros.*）编程的人应该不会想到，几十年后，一群亚文化玩家会以"速通"为乐，像奥运会短跑运动员一样极速通过游戏关卡，有玩家能在 4 分 55 秒内通关首部正统作品。我们可以想象，如果一个软件产品足够吸引人，它的用户就会无视开发者的预想，采取符合自身利益和需求的使用方法。

元宇宙也将以同样方式达到最佳形态。它不会让开发者成为自上而下实施控制和支配的导演，让其他人成为拿剧本的演员。它不是一本静止的书，而是一些可以自由生长的想法。元宇宙的"作者"只负责制定初始规则，接下来发生什么由我们来决定。

但这并不是说，建设者只需要敷设电缆，然后等着元宇宙自己填充内容就足够了。在这里，我们可以拓展一下前文关于园艺的比喻：一片杂草丛生的空地、一个园艺造型和一个丰富多彩的花园之间是有区别的。一片空地会因无人照料而变得杂草丛生、混乱不堪，最终变成一片废墟；一个园艺造型是一个人或几个人把自然植物修剪成非自然的形状，有的精致，有的没那么精致，但它们都是个人创意行为的产物。一个按照自身节奏生长的花园，会让许多人受益，而不是只为流浪汉和独裁者服务。它应被照料，而非被控制。如果元宇宙的开发者想将元宇宙的所有潜能发挥出来，他们就必须悉心照料，让价值自然涌现出来；不可严厉打磨，设定发展方向；更不能遗弃它，抹杀价值出现的机会。

▶ 公司主导模式的弊端

金字塔和哥贝克力石阵等具有普遍价值的元宇宙定义了它们所在的文明。但金字塔要花几个世纪，哥贝克力石阵要花一千年时间才建成。同样，构建元宇宙工程量巨大，挑战性很强，还有可能跨越几个时代。那么，谁来协调这些工作？谁来把各方力量组织起来？如何长期维持社会对整个工程的认同感？

在考虑元宇宙开发项目的组织结构时，我们必须问自己：什么样的结构最有可能在最长的时间里为最多的人创造最大的价值和意义？在建设过程中，元宇宙开发者随时可能需要在技术和社会限制下确定优先事项，这就意味着他们要在世界内部及各个世界的沉浸感、存在感、易用性、保真度、意义深度之中做出权衡。如何确保这些决策能够保持或增加价值，而不是折损价值？决策者又是谁？

某些公司大肆宣扬元宇宙，暗示他们将承担元宇宙中的领导角色，掌握实际控制权。我们可以把这种模式称为"脸书"模式，它或许也是我们目前最熟悉的元宇宙组织模式。你也可以用其他大型科技公司的名字代替"脸书"，性质也差不多。一直以来，"脸书"的态度很明确，就是要用支配互联网的方式来支配元宇宙。该公司一直走在元宇宙理论的前列，希望把"脸书"与元宇宙两个词语绑定起来，确立自己的中心地位，掌握监管的权力。

这种组织结构将使元宇宙变成一个园艺造型。少数人掌握话语权，严格限定大众获取价值和意义的范围。大部分利益会流向平台供应商，其他人只能尝点甜头。

一家大公司打头阵，然后顺理成章拿到掌控权——听起来好像很熟悉，因为这就是今天互联网的运作模式。现代互联网由几家垂直整合的大公司主导，掌控用户的所有数据。在很多情况下，用户数据就是这些公司出售的产品。因此，对于脸书、谷歌等大公司，有种说法是："用户本身就是产品。"一家公司持有的用户数据越多，这些数据就越有价值，所以这些公司要持续扩大覆盖面，一边让用户越来越离不开平台，一边剥夺他们在平台中的自主权。

被剥夺自主权的不只是个人用户，还有企业用户。大部分利润都被平台占有，即便技术允许，任何创业者或初创企业也不会花钱在这些平台上开展业务。当然，有许多个人用户会在平台上经营小本生意。如果你只想在"脸书集市"（Facebook Marketplace）上倒卖运动鞋，或在"油管"（YouTube）上做视频，其实你并不需要太多的启动资金，但是对于一家想寻求发展的科技创业公司来说，如果公司业务被拴在平台上，而且还受到平台的限制，那启动成本永远无法收回。你可以在基础设施之上开办生意，你也可以利用社交平台进行营销，但大多数商业机会都被平台所扼杀，或者被大公司拿走，变成平台自己的功能。

对所有想要成为硅谷龙头企业的科技公司来说，"掌控平台，掌控用户"已经成了它们的信条。互联网 2.0 时代的企业文化让特别多的创业者和投资人坚信，垄断才是走向成功的唯一途径。但元宇宙本质上并不允许这种具有分裂性、控制性的商业模式占据主导地位，也不会让用户感觉到自己与生态系统的健康发展有任何利害关系，感觉到自己无法探索到元宇宙的潜在价值。

今天，互联网平台的价值结构大多呈金字塔状。金字塔底部是平台，吞噬了大部分价值。创作者在金字塔顶部，获得的价值较少。创作者十分依赖平台及平台的网络效应，实际上是被平台控制了。即使是收入最高的"油管"内容创作者或"照片墙"（Instagram）网红，他们获得的利润与平台自身获得的利润相比也是小巫见大巫，并且很少有人能开创出有竞争力的平台。网红杰克·保罗（Jake Paul）和洛根·保罗（Logan Paul）不会离开"油管"去开发出一个"保罗管"，除非后者是某种通过现有网络传播的按次付费的拳击比赛。尽管他们的知名度很高，但也没有相应资源去做这件事。除非本身是个极具商业头脑、没有后顾之忧的富二代，否则对于创作者来说，完全独立于大型社交平台是一种伊卡洛斯（Icarus）[1]式的行为。

但元宇宙的运作模式不同。如果你接受以下说法：元宇宙由具身的三维世界组成；元宇宙中大多数体验的外观和功能类似于高质量电子游戏的外观和功能，那么你也会接受：创造元宇宙体验的成本要远远超过制作"照片墙"表情包的成本。没错，独立开发者可以创造出低利害性、低保真度的体验，不需要使用太多资源，但元宇宙面向的是全球用户，自然需要打造更精致的体验。在元宇宙中创造一场复杂的体验相当于开发一个高质量电子游戏，至少要耗费数千万美元的成本。

由于制作视频的成本较低，所以"油管"可以将内容生产留给创作者。任何人都可以用 47 美分制作一个病毒视频[2]。但是，元宇宙体验的制作成本极高，元宇宙必须要吸引公司在自己的平台上发展业务。在这种情况下，元宇宙平台不会再沿用金字塔式的价值结构，因为这些入驻元宇宙平台的公司知道自己无法在旧有的价值结构下回收成本，获得利润。

1　伊卡洛斯是希腊神话中的人物，因飞得太高，双翼上的蜡被太阳融化，最终落水丧生。——译者注

2　形容借助社交平台在互联网上得到大面积传播的视频片段。——译者注

元宇宙想要满足用户需求，就需要打造高质量、大规模的虚拟世界和虚拟体验。因此，它的价值结构必须呈倒金字塔状：平台获得最少的利润，创作者获得大部分利润。否则，元宇宙的建设者就要为所有内容买单——即使是"脸书"也无法承担每年花2000亿美元去委托创作者开发元宇宙体验。

公司主导模式有一定好处。一般来说，科技公司构建的元宇宙不会出现太多问题。可用性是社会网络的主打卖点之一，公司主导模式下的元宇宙不会故障频出，也能实现无缝用户体验。大公司可以利用他们已有的基础设施引导用户从互联网自然过渡到元宇宙。它们资产庞大，不必费尽心思去筹集启动资金，更不必白手起家建设元宇宙。他们只要去做，就做得比谁都要快。

但是做得快不代表做得好。截至我写作之时，"脸书"对于元宇宙意义的理解还停留在身份融合的概念上——也就是说，元宇宙中的"你"和现实世界中的你是一体的。"脸书"打造的元宇宙很可能要求每个人使用真实身份。这表明，该公司描绘的元宇宙蓝图并没有打破原有社会结构。他们致力打造VR头戴装置，更加强调沉浸感而非存在感，但正如第四章所述，元宇宙的真正价值不在于此。

人们通过虚拟体验最想获得的是满足感，而在一个真正有价值的元宇宙中，满足感体验的媒介是人机界面和电子设备。我们最终能拥有充满未来感的花哨眼镜吗？有可能，但没必要。我们不用花重金购买VR设备，享受极度沉浸式的体验，就可以实现本书所设想的元宇宙。

我们可以把《堡垒之夜》制作公司"英佩游戏"（Epic Games）提出的元宇宙愿景与"脸书宇宙"相对比。"英佩"公司的目标是存在感，而非沉浸感。《堡垒之夜》注重易用性，这是件好事，但它所构建的意义之网实际上也是不平衡的。它把各种品牌带入游戏世界，但游戏世界却没有生产出任何现实价值，其中发生的事件和体验在现实世界中并不重要。2020 年 4 月，说唱歌手特拉维斯·斯科特（Travis Scott）在《堡垒之夜》举办了一场演唱会。这场演唱会备受瞩目、声势浩大，但只是昙花一现。是的，虚拟世界的大多数体验若没有被嵌入价值体系，也只能是昙花一现。没有明确且清晰的价值转移渠道，这些体验就不具备现实意义。《堡垒之夜》里的所有事件在现实世界看来都不重要，这是因为游戏世界本质上没有与现实世界连通，无法向现实世界和其他企业输送价值及意义。

由于高质量电子游戏和虚拟世界外观相似，我们可以推测出，某个制作精良的游戏会先演变成一个成熟的虚拟世界，然后扩展成一个元宇宙。但这条路要比想象中艰难。如果人们是为了实现某个特定目标才发明出某项技术，那么这项技术很可能不会支持其他功能。例如，汽车和快艇都有引擎或发动机，都要消耗燃料，都被用作代步工具，但当你把汽车开进湖里的时候，你就会意识到汽车根本不能当作快艇使用。在把电子游戏变成元宇宙之时，开发者将面临极大的技术难题，因为电子游戏和元宇宙有两套需求、两套规范。元宇宙的开发者必须搭建一个更为庞大的结构，而且是要从头开始搭建。

在"脸书"和"英佩"的元宇宙蓝图中，元宇宙的主要目的不是为用户提供满足感和实用功能，而是让开发者攫取暴利。开发这些元宇宙的公司很可能也是元宇宙里大部分体验的创造者和管理者。如果元宇宙受某一公司控制，既不能支持和维系一定规模的个人创作者，也不愿为用户提供满足感和实用功能，那么这个元宇宙不过是有名无实，在视觉上令人身临其境，但在心理和精神领域却是不毛之地。

大公司开发出元宇宙之后，就要对它实施掌控，主要目的是招揽公司管理者、投资人和股东，不太可能在元宇宙内实施因地制宜的民主管理。此外，个人创作者必然会被剥削，因为他们对自己创造的体验没有实际所有权，对整个生态系统的运作也起不到作用。公司控制着个人创作者，也控制着他们的数据，必将会打包出售给广告商。不过，无论大公司如何造势，公司主导模式并不是定局，元宇宙还有其他组织方法。

▶ 无政府模式及其不足

无政府模式与元宇宙构建初期采取的模式截然相反。在这种模式下，严格把控劳动成果和项目进度的管理机构不存在，黑客、创业公司、非营利组织……所有人都可以把团结抛到脑后，随意改变元宇宙。我们可以回忆一下万维网的早期，网络上充斥着无数特立独行的个人网站，不听从任何形式的管理；或者回忆一下开源软件运动：理想主义者们曾共同开发操作系统和程序，但他们不是由利润驱动，而是由共同信仰驱动。他们相信，互联网或软件不应当被用于获取利润。

这种组织模式是最为理想化的模式，一旦实现，元宇宙将充斥着新奇有趣的体验。2017 年推出的《创世纪城》（Decentraland）自称是有史以来第一个由用户操控的世界，其中的虚拟土地被商品化为 NFT，可以使用加密货币来购买。2020 年 3 月，卢克·温基（Luke Winkie）在《PC 玩家》（PC Gamer）上写道，《创世纪城》是"'第二人生'与自由主义的结合"，在这个世界中，"游戏里的所有内容都由玩家做主，都被玩家所拥有"。

《创世纪城》的出发点很好，但实际上可能会产出与公司主导模式同样的失败产品。还是拿园艺作比喻，如果说公司主导模式像一个园艺造型，那么无政府模式更像一片空地，所有植被生长都不会受到阻碍，但也没有计划和方向。这种模式缺乏实用性，也会抑制价值和意义的创造。公司主导模式的弊端在于过度实施下行控制以及下行协调，而无政府模式的弊端在于缺乏协调。前一种模式会让元宇宙变得过于商业化、过于功利，但是如果采用后一种模式，贯彻极端的自由主义精神，不听从任何指挥，那么我们永远不会建设出一个实用的元宇宙。除了那些建造元宇宙的专家和爱好者以外，它并不能直接帮助到任何人。

《创世纪城》已出现这种"高尚的功能失调现象"。虽然该平台是一个很有趣的尝试和试验，但截至我写作之时，它的运转并不是特别良好。温基说，"它摇摇欲坠"，时常出现"帧率故障""屏幕缩放比例失调"，而且"加载时间极其漫长"。更糟的是，这个世界过于空旷。温基说："我在《创世纪城》里一个人也没见到。从博物馆到海盗湾，一个人都没有。"

无政府模式会催生许多无人的虚拟世界，它们就像四周建了围墙的花园，无法互通，也无法顺畅地转移意义和价值；元宇宙则像由自我封闭的国家组成的世界：在这些国家里，入境和出境难上加难；到了外国，既不能消费本国货币，也无法进行外汇兑换。我们一方面不希望元宇宙被打磨得毫无生机，另一方面也不希望各虚拟世界彼此独立。元宇宙要想发挥所有潜能，在体验方面就必须具备无缝性，但志愿者和个人开发者不拿工资、不受限制，他们的劳动又不受任何机构管理，因此在这种模式下元宇宙很难做到无缝运转。

既然无政府模式不可行，公司主导模式也不可行，那么究竟什么样的组织模式才可行呢？可行的组织模式要取二者长处，需要多方的协作，还需要企业与个人的共同努力，既鼓励各种信息和观点输入，又为管理者留出空间。如果人类想创建出真正有价值的元宇宙，我认为这就是最佳的组织模式。我把它称为"交换模式"（the Exchange）。

▶ 交换模式

英文单词"exchange"可以指交易场所、交换行为、交换理论等。它既用于表示购买、售卖等价值交换行为，也可以表示想法、对话和体验的分享行为。"交换"一词隐含了价值的双边性。一个人去交易场所不是为了保存某一物品，而是为了向世界展示这件物品。交换是使意义、价值与结果不断流动、发展、变化和革新的桥梁，也是元宇宙组织模式的基础。

在交换模式下，元宇宙可能会这样发展：最初的几十名参与者自发结成一个联盟，其中包括技术、商业、游戏设计、伦理学、政治、媒体、艺术和心理学等领域的专业人士。加盟方式一开始是邀请制，邀请方是那些一开始提出交换模式的"创始人"，后来过渡到申请制，考察加盟者是否认同元宇宙的核心目标、原则和定义。你可以把这个联盟当成元宇宙的董事会或者专业协会，它与元宇宙中其他小团体的不同之处是成员均需遵守统一的道德准则。该联盟成立的目的不是谋取私利，而是为大众服务。联盟成员将贡献个人资源和专业知识，为构建元宇宙提供必要的经济、技术、组织和道德条件（这并非天马行空，我们在 M2 项目中已经开始实施交换模式，而且早期成果相当可观）。

一个有价值的元宇宙的组成部分是什么？我曾在本章伊始指出，在实践过程中，我们需要大量的技术和基础设施投资。即使是功能最基础的元宇宙，对每秒通信操作次数的要求也非常高，因此人类必须掌握尖端的计算及存储技术，而这就需要我们在全球范围内建设基础设施才能支持和维持元宇宙的运行。我们要打造出与之对应的硬件——存储、能源和网络基础设施，还需要精心设计出一个能够满足用户社会、经济、技术和实用性需求的系统。交换模式既可以为技术的开发和应用提供资金，又可以设计并推广一套合理的运行标准。

这些技术将推动虚拟世界及有效体验的发展。关于虚拟世界和虚拟体验，我们虽然已经探讨了许多，但我还是要再次提醒，它们是元宇宙的核心，也是元宇宙心理效用的核心。虚拟体验必须以内在满足感为导向；虚拟世界必须能够让大众充分发挥创造力并且获得价值。它们包罗万象：用户可以开启奇妙冒险，也可以学习实用技能；可以看虚拟演唱会，也可以在虚拟酒吧和酒保聊天。

在交换模式下，元宇宙能够集结、协调程序员、设计师和艺术家并且提供相应资源，由此促进虚拟世界和虚拟体验蓬勃发展。但是其他人也需要拥有在虚拟世界进行创作、为虚拟世界增添价值的机会，而且我们必须激励他们去这样做。在理想化的元宇宙中，每个人都可以在某个虚拟世界里轻松创造体验。因此，各虚拟世界应为个人提供创造体验所需的数据和工具，也应确保他们能从劳动中获得经济收益。交换模式尊重个体，它将确保元宇宙能让每个人都获得应有的权利。

这引出了元宇宙的另一个组成部分，我们需要建立一个社会和经济价值的元层（meta layer），将各种虚拟世界和虚拟体验联系在一起。只有明确了创造、存储、量化和交换价值的方法，虚拟世界和虚拟体验才能生成超出个人心理层面的意义和结果。我预测，这里就是区块链机制发挥作用的地方：这是一种复杂的数据结构，可以用作虚拟世界中的独立担保人和价值的账本。

我之前指出，元宇宙产生的经济价值不应该全归开发者所有，因为这会延续互联网时代的不平等现象，也会抑制大众对元宇宙的投资和投入；人们会感觉到，自己无法拥有元宇宙的任何东西。无政府模式和公司主导模式都会妨碍经济价值的创造——要么是因为开发出元宇宙的公司会获得暴利，要么是因为虚拟世界中缺乏创造价值、储存价值和把价值转移到其他虚拟世界或现实世界的明确方法。

不过，如果交换模式可以对这一过程实施监管，它就能确保虚拟世界说同样的语言并可以进行交流；确保各个世界建立在区块链技术的基础之上；确保经济价值的创造、存储和转移过程得到简化。此外，为了在元层和现实世界之间搭建沟通的桥梁，交换模式还会促进现实世界对元层的认同，让现实世界主动与元层融合。在虚拟世界中诞生的价值和意义需要通过某种方式影响到现实世界；虚拟世界之间的联系又必须持久而紧密。这既是社会层面的挑战，也是技术层面的挑战。在交换模式下，上文提到的元宇宙联盟能调动大量的资源，可向现实世界的银行、企业、政府、服务提供商、非政府组织等开展宣传，并与各方进行谈判，促进价值转移渠道的搭建，维持渠道的运行。

在价值转移渠道的创建和维护过程中，加密货币和区块链技术不可或缺。它们将保障每个人的切身利益，助力元宇宙持久发展。而元宇宙的持久发展离不开个人和个体企业的意义创造行为，不过它们得先确认自己可以收回成本、可以获得利润，确认自己花时间和金钱开发虚拟体验、向人们提供虚拟体验是值得的，之后才会开展活动。为了让创作者摆脱平台的控制，我们必须把透明的金融工具嵌入元宇宙的核心。

在交换模式下，元宇宙的参与者可与企业和知识产权（IP）主体对接，让他们了解元宇宙中的新机遇。元宇宙由用户自创内容和用户参与构成，最优秀的内容创造者是那些能够打破故事作者和版权持有人的固有观念，允许其他人使用自己知识产权的人。以《星球大战》为例，迪士尼之所以不愿意开放"星战宇宙"的版权，是因为它想控制这些角色，控制所有讲述"星战宇宙"故事的权利。元宇宙的内容创作和互动模式则大不相同，在元宇宙中，每个人都在玩实况角色扮演游戏（LARP），因此，这些虚拟世界就会形成内容创作和 IP 转换的新模式，这些模式既能适应新媒介，还能持续激励创作者。游戏行业面临的挑战则是，从"让用户玩一款游戏"转变到"为用户提供有意义的，或许是非游戏化的体验"，与此同时还要改变游戏的货币化策略。在这些过程中，交换模式将发挥广泛而重要的作用。

元宇宙的管理模式一方面应当足够透明，另一方面应当鼓励道德行为和利社会行为，这两个条件紧密相连。我们必须推行并普及一套共同价值观，并把这套价值观纳入元宇宙核心。不论是政府、监督机构，还是建设基础设施和创造体验的公司，又或是内容创造者、专家和人才，所有的参与者都将受到共同价值观的有效约束。

我相信，一个组织、管理得当的元宇宙可能很像一个民族国家，或者成为一种新型的类国家实体。关于此点，我将在第八章展开详细论述。我现在要指出的是，谷歌、脸书等公司掌握的权力已经超过了许多民族国家，而且在某些方面像自治国家一样行事。如果说这些互联网公司实行的是"独裁政治"，那么元宇宙必须实行"民主政治"。只有在交换模式下，元宇宙才能建立起民主的管理结构。无政府模式下的元宇宙自然不能被称为国家，公司主导模式又会实施独裁统治，只有以交换原则为指导，元宇宙才能生生不息。按照我对于交换模式的设想，元宇宙的管理者将负责监督和制定社会规则，同时尽量避免微观管理，不去干涉元宇宙的正常发展。

▶ 共同信念的持续

元宇宙各方参与者必须在行为理念上保持一致，认同元宇宙工程的核心价值与核心意义。这种共同信念要超越交换模式创始人和资助者们所在的时代，不断传承到下一代。我在前面提到过，建设元宇宙是一个跨时代的工程。正如人类历史上其他代际工程一样，我们要想让元宇宙持续发展，也需要创造一种共同信念。

共同信念对现实影响巨大，古埃及金字塔就是一个活生生的案例。每一代搭建金字塔的人，和／或生活在以搭建金字塔为优先事项的社会里的人，都必须相信这个工程是有价值的，相信投入大量的时间、金钱和精力的做法是合理且必要的。

长期维系大众对某个大型社会文化项目的共同信念并不只是古埃及自己的课题。2011 年，美国航空航天局（NASA）和美国国防部高级研究计划局（DARPA）发起了一项名为"百年星舰计划"（100 Year Starship Project）的倡议，目标是在一个世纪内实现星际旅行。和金字塔一样，该项目面临的挑战之一就是如何长时间地维持各方的积极性。在一百年内，很多变化都可能发生：领导人来了又走，社会优先事项也会一变再变。与今天相比，一百年后的世界将焕然一新。因此，我们该如何让一代又一代的人保持积极性和投资的热忱？答案就是要去说服人们相信：这是一个能够解决根本性问题的项目，即使要花一百年时间也要去完成它。比如在古埃及，强制劳役和法老敕令只能在一定程度上让社会同意花费数百年时间在沙漠中建造一些成本高昂的装饰性三角体。一个奇幻的工程项目必须让社会本身产生共鸣，而不是仅仅让领导人产生共鸣。

像金字塔和"百年星舰计划"一样，元宇宙建设项目可能要耗费人类数十亿工时——但它沿途可以创造很多价值，整个项目还可以分成几个阶段来实施。要想构建出生机勃勃的虚拟世界，创造出连通各种世界和各种体验的虚拟经济，需要几代人共同努力。为保证实施过程不中断，对于元宇宙的价值，我们必须先达成共识。我们必须从共同信念出发，而这些信念要足够强大，才能支撑几代人持续投入的意愿。

交换模式可以在社会范围内弘扬元宇宙的共同信念，也可以推广符合道德的元宇宙结构，以防元宇宙变成反社会的性质。有时，即使在最理想化的集体中，也会有人想离开集体，谋取私利，这只是时间问题。在此之前，我们必须建立起这样的系统：能够预见并容纳个体的自私行为，同时还能保证其运行；即使每个个体节点都在谋求个人利益，系统依然严格按道德规范运作。我们需要的元宇宙系统是以创造价值的每个个体为中心，而不只是以系统开发者为中心。要做到这一点，最好的方法就是打造虚拟经济，为人们提供大量满足感强、获利多的虚拟工作。

第 七 章

虚拟工作和满足感经济

迪士尼经典歌曲《吹吹口哨快乐工作》（*Whistle While You Work*）反映了现代经济的基本问题之一。这首歌的意思是，如果想避免在日常劳动中感到烦闷无聊，就要找到一些方法来分散注意力，使工作变得有趣起来。吹口哨可以让你忘记自己正在劳动的事实；把扫帚当成心上人就可以让你忘记对扫地的厌恶。我们只有在从事无法获得内在满足感的工作之时，才需要这些应对策略。

正如我在第二章所说，这就是今天许多人的生活状态。现代社会围绕生产力运转。衡量一个国家经济繁荣程度的核心指标是国内生产总值（GDP）；这个指标使社会产生了一个固定观念：最有生产力的经济体就是运转最良好的经济体。我们每个人从小被教导，即使从事枯燥无味或有损人格的工作，也要勤勤恳恳、毫无怨言，这才是高尚的体现。社会向我们灌输劳动即是美德的观念，经济则利用了我们思想的单纯。随着生产需求增加、自动化进程加快，工作任务不仅变得更多，而且变得枯燥无味。

从狭义的经济角度来看，个体得不到满足感似乎没什么问题。毕竟，它并不会直接影响到 GDP。虽说雇主们并不是故意想让工作场所变得无趣，但他们在安排工作的时候也不会主动采用人性化原则。漠视工人内在需求的情况往往体现在低收入工作之中。例如，亚马逊大型配送中心的员工要定期接受量化绩效考核，而且他们几乎没有自主活动权。反对这些工作的抗议者往往强调工作条件和工资，但却很少意识到这些工作本身就不合理且不人道。人们已经内化了"工作就应该无聊"的观念，总是说："工作就是工作。"

我们需要反思一下这种观点。毕竟，每个人的生命都只有一次，还要把大部分生命用于工作。技术进步没有使我们摆脱工作的束缚，反而加强了这份束缚。我们已经接受了这种想法：工作要消耗大部分时间，而且它没有义务满足我们最基本的心理需求。然而，那些能给人带来满足感的工作通常也是压力极大、需要过度劳动的工作。耶鲁大学教授丹尼尔·毛尔科维奇在《精英主义陷阱》（*The Meritocracy Trap*）中写道，白领人士一生都在被规训：要用工作填满生命，每周要工作 90 个小时，总是见不到自己的孩子是很正常的。社会暗示我们，不应期望从工作中获得成就感。我们工作的时间总在被延长，而且我们也无法在其他地方寻求满足感。我认为，这种社会结构从根本上来说违背人性。

工作可以成为一种有效体验，而且它也应该是一种有效体验。如果我们的工作得到了人性化的组织和规划，它就可以让我们的生命变得更有意义。工作能让我们发挥出自身能力，参与社会的经济生活，也能为我们提供难度适宜的挑战，使我们为顺利解决问题感到自豪。但现代就业的结构和激励措施把生产力当作目的本身，这种做法不具备可持续性。在生态层面上，生产需求与它本应服务的社会需求脱钩，这导致了气候的变化，使地球环境遭到破坏。人类唯一栖息地的恶化把无限提高生产力的苦果展现得淋漓尽致。在社会层面上，生产力至上原则造成了广泛的目标危机，这已经开始破坏世界的稳定秩序。

大卫·格雷伯在《毫无意义的工作》（*Bullshit Jobs*）一书中探讨了我们在工作时不快乐的一个主要原因：现在，我们的工作不以提供满足感为目的。你能从"糟糕的工作"中得到的只有微薄的工资。"糟糕的工作"无法在智力或情感层面吸引劳动者或为劳动者带来挑战；它使劳动者感到孤独，剥夺了他们的自主权；它与其他社会目的相脱节。

"糟糕的工作"使人心神不宁、欲求不满，不利于社会的长期发展。研究社会动荡领域的学者称年轻未婚男子为 YUM（young unmarried men）群体，他们往往是社会动荡的催化剂；此外还有 20 世纪和 21 世纪就业不充分的中年人，他们涌向了反动的政治运动，企图恢复世界秩序。虽然人们支持这些运动还有其他更加黑暗的原因，但政治动荡往往源于社会经济结构对个体的压榨，导致他们心生不满。

在过去的半个多世纪里，生产力飞速发展，工资增长却停滞不前，而人们已经意识到了这种不公平的现象。哲学家约翰·罗尔斯

（John Rawls）认为，在一个自由的社会中，正义等同于公平。从经济方面来看，由于财富差距创造并维系了划分富人和穷人的社会系统，公平问题往往被当作收入平等问题。但许多工作连最基本的心理需求也无法满足，从根本上来说，这也是不公平、不公正的。在工业和后工业时代，雇主告诉我们在工作时可以吹吹口哨。因为有太多工作无法提供满足感，他们就用人为手段转移我们的注意力。不管是富人还是穷人，白领还是蓝领，面对工作的时候，他们名为满足感的口袋都是一贫如洗。

在本章我将论证的是，为什么说元宇宙为资本主义危机提供了一个很有前景的解决方案；为什么说随着虚拟世界的规模、普及程度和意义性不断扩大，一个以满足感为中心的强大虚拟经济体将会出现。我认为，这种经济模式将带来崭新的就业机会，创造数百万份以生产有效体验为目的的工作，使劳动者获得收入的同时也获得满足感。我的结论是：在理想情况下，元宇宙将会导致人类从生产型经济过渡到满足感经济。

在虚拟世界中创造满足感是一个共生的过程。与现实世界相比，元宇宙的工作更加充实、更有意义，但只有人类的聪明才智才能让元宇宙成为一个能充分提供满足感的空间。虚拟世界之所以真实且重要，是因为社会的共同信念，是因为有足够多的人相信它值得去体验。如果说共同信念有助于增强个体体验，进而使整个虚拟世界产生了价值，那么为他人创造虚拟体验自然也能使虚拟世界产生价值。

在理想状态下，我们可以量化元宇宙中虚拟体验的价值。我将会说明虚拟工作者如何通过创造满足且有效的体验来获得收入。这一预测并非乌托邦式的幻想，它植根于久经考验的游戏行业的货币化策略中。游戏通过提供满足感来维持用户活跃度，我相信虚拟世界也将围绕着满足感原则发展。我并不认为，只要围绕这种原则展开活动，所有虚拟世界就完全不会产生令人厌恶的、破坏性的或反社会的内容和体验。在今天，社交媒体通过吸引注意力来获得点击量，而我们已经充分见证了这种模式引发的恶性循环。与其相比，以满足感为中心的元宇宙模式至少更有发展前景。

游戏行业已经证明，体验越丰富多彩就越能提供心理满足感，虚拟世界的用户活跃度就越高，这些体验的提供者或提供商获得的收入也就越高。无论是屠龙者工会的领袖，还是某个虚拟车间的修理员，所有虚拟工作都将与主导现实经济的"糟糕的工作"相去甚远。在理想状态下，元宇宙将为人类提供大批人性化、创造性的工作。我认为，这将是历史上前所未有的机遇，也是化解当今目标危机的可行方案。

"满足感有罪论"是满足感经济的一大障碍，而这种错误论调已经存在了很长一段时间。但是，如果无法满足自我，那么活着到底是为了什么？如果经济的目的不是改善生活，那它存在的意义是什么？生产力不应是一种美德，更不应是做事的目的。我们不是要在工作中加入满足感，而是要让工作的目的本身成为满足感。任何社会都会存在不理想的工作，虚拟社会也不例外，但不同的是，元宇宙整个经济系统都会围绕着生产满足感展开。因此，在元宇宙中，枯燥无聊的工作可能只占少数，而且报酬会很高。为更好理解这种情况的成因，让我们一起走进满足感经济的世界。

▶ 满足感经济

我曾在第五章写道，元宇宙是意义之网，其中的虚拟世界将提供各种实用的、满足心理需求的体验，为参与者和社会创造价值。人们参与元宇宙的目的则是在各个世界和虚拟居民之间创造和转移价值。到目前为止，我主要写的是虚拟社会在个体心理层面和社会层面的作用。随着元宇宙的不断发展，它的经济价值也会逐渐显现。如果说虚拟世界的意义在于为用户提供有效体验，那么我们自然也会为这些体验赋予经济价值。

我们知道，虚拟体验的价值可以进行量化。玩家愿意花 50 美元购买一款电子游戏，就说明这款游戏的体验对他们来说至少值 50 美元。在大型多人在线游戏中，玩家给虚拟化身购买新装备，那么这件装备所带来的体验一定有价值。人们愿意为虚拟的裤子支付真金白银，这并不奇怪，因为虚拟的体验能带来真实的满足感。

随着虚拟世界的不断发展壮大，机会越来越多，用户将根据市场需求出售商品、服务和体验来赚钱。在现实世界中，当你发现了喜欢的地方，如一家氛围很棒的咖啡馆、一个设备齐全的健身房，你自然就会成为一名老顾客，总是愿意在这里花钱，并且认为自己获得的服务和商品物有所值。同样的逻辑也适用于虚拟空间。随着虚拟世界在满足用户需求方面做得越来越好，用户们也会越来越依赖于虚拟世界，毫不犹豫地花钱购买自己看中的虚拟商品和虚拟服务。

在元宇宙中，虚拟世界的价值取决于它能提供的有效体验，所以一个虚拟世界如果拥有最多种类的高质量体验，它就是最有价值的世界。但我也曾指出，平台的财力有限，无法创造出所有体验，也无法雇用其他人创造虚拟体验，无法令元宇宙达到最理想的状态，因此企业家、艺术家、普通人等独立的第三方将挑起这个重担。在一个达到了理想状态的元宇宙，最大的获利者不仅是平台提供者，还有为用户提供实用性、满足感体验的集体和个人。

虚拟世界将革新就业的本质。现实世界的工作无法提供满足感，而元宇宙将消灭这种低效劳动模式。在我的设想中，各类虚拟工作的准入门槛都很低。所有人随时随地都可以通过电脑主机或手机来完成这些工作。虚拟工作也有晋升空间：你可以从初级岗位做起，逐渐积累赚钱的技能，最终成为富人的可能性很大。满足感就是你的工作成果，你创造的满足感越多，收入就越多。

但是，虚拟世界的高收入岗位与现实世界不同，它们不会让世界变得更糟糕，也不会直接伤害或剥削任何人。虚拟世界的初级岗位与现实世界的基层岗位也不同，它们需要劳动者应用自己的创造能力。创造体验即把与他人互动的过程塑造成艺术作品。互动是一个主动的过程，因此虚拟工作将同时改善劳动者以及体验者的生活。

虚拟劳动模式将为远程知识工作提供机会，受益对象不局限于已经在全球劳动力市场中具备竞争力、从事高薪远程工作的高学历人士。虚拟工作将引发新一轮具有人道主义精神的全球化趋势，它不容易受到入境管控的影响，也不会被那些因为想降低工资才谋求全球化运营的公司所利用。在今天，劳动力理论上可以四处流动，但这一过程并不容易；而在未来，虚拟劳动模式将使各种就业机会真正实现全球化。

从长远来看，我相信虚拟社会将催生一个可持续的创意性经济体，挖掘出所有人的潜力。这将对外部世界的经济产生变革式影响。虽然不是所有人都会选择从事虚拟工作，但每个想要发挥自己创造力的人都有机会成为元宇宙经济的参与者。

▶ 在虚拟世界中进行价值创造

一个人来到虚拟世界的第一个工作任务，也是人类迈向满足感经济的第一步，就是关注这个世界。只有人们关心、认可元宇宙中各种事件的结果，元宇宙才能够为所有人提供满足感。关心程度越高，它就越有价值。这是在元宇宙背景下进行价值创造的第一层含义。

不赚钱的工作能算工作吗？在满足感经济中，工作的首要目的是获得满足感而不是收入。人们之所以工作，是为了让自己和世界上其他人获得满足感。在《罗布乐思》等免费的大型多人游戏之中，价值的创造是通过玩家上线并参与游戏来实现的。拥有大规模在线玩家的价值在于，你无论什么时候上线总会有人与你互动。在免费游戏中，虽然许多用户根本不会花钱购买游戏商品，但他们的存在本身就为那些花钱的人提供了价值。如果没人能看到你，那么在游戏里购买新皮肤也没有什么意义。让你感到物有所值的是这个世界存在的其他人。

用户的持续关注和持续参与创造了虚拟世界的价值。这种价值一开始虽不能立刻转化为经济价值，但随着越来越多的人开始关心他们所栖居的虚拟世界，越来越多的经济机遇也就浮出了水面。话虽如此，现实世界已广泛采用自动化流程，我们如果认为数字世界会反其道而行之未免过于天真。从某种意义上来说，虚拟世界本质上也是自动化的世界，对于大势所趋也难以避免。我们有什么理由相信虚拟世界中的人类劳动会比使用软件解决问题更有价值、更划算？对于开发者来说，编写出用算法给人们带来满足感体验的人工智能不是更便宜、更容易吗？是，也不是。人工智能软件确实可以在填充虚拟世界方面发挥重要作用，它会使虚拟世界的人口看起来更为密集，内容看起来更加丰富。但正如我在上文所述，虚拟空间的价值和意义来自其他人的存在和参与行为。如果虚拟世界中没有人类社会，那么就没有价值可言。在一个以中世纪为背景的虚拟世界，如果你是一名传奇的屠龙者，那么只有当这个世界中的其他人为你唱赞歌、称赞你、请你代言产品的时候，你的声誉才有价值。（如果直接让人工智能来屠龙，这一名号的价值就会大打折扣。）此外，在虚拟空间中，数字艺术作品的价值也来自其他人的欣赏。人类的参与是意义之网运转的驱动力。

当然，意义之网是多边的，它连接的世界因彼此互动才存在，这就意味着虚拟世界中的价值流动不会成为闭环。如果"中世纪世界"足够庞大，那么你"屠龙者"的名号将会被传播到庞大的元宇宙网络中去。你从中获得的价值将可被转移，也就是说，你在"中世纪世界"里获得的名誉和成就也可在其他世界中发挥作用。"油管"网红可以成为拳击手；"抖音"（TikTok）网红可以出书。我们也不难想象"中世纪世界"的王牌屠龙者与吉米·法伦（Jimmy Fallon）在《今夜秀》（*The Tonight Show*）上侃侃而谈的场面。

随着他人不断为"王牌屠龙者"注入意义，这一名号会逐渐增长并产生价值。正是人类的参与使虚拟世界变得充实，让虚拟世界为元宇宙贡献意义。这就是给互动行为赋予利害关系和重要性的原因。根据自我决定理论，在与他人的关联中产生归属感是内在满足感的核心组成部分。一个人在虚拟世界获得的满足感来源于自身的选择、决策和行为。这些活动有助于扩展虚拟世界的真实性——一个虚拟世界越贴近现实，虚拟世界中发生的事件就越重要。只有人类的参与，才能将提供无限可能性的逼真体验与无法离开预定轨道的公园游乐设施区分开来。

如果心理价值来自人类的参与，那么经济价值从何而来？我们要想在虚拟世界中创造经济价值，并进一步打造一个强大的元宇宙经济体，首先要在世界内部及各个世界间创造共通的收入机会。我这里说的"收入机会"并不是指打零工，也不是指在"克雷格列表"（Craigslist）上卖闲置椅子和自行车，更不是指用杠杆投资开发有上市潜力的平台。（这种行为不算是在世界里赚钱，而是通过成为世界来赚钱。）虚拟世界将给人类带来经济变革，这说的不是让一些公司通过开发或主导虚拟世界赚取利润，而是让虚拟世界的居民都可以获得可靠和稳定的收入。

在虚拟世界中，有两种主要的赚钱方式。第一种就是创造和销售虚拟商品。虽然与我们接下来要打造的世界相比，早期的数字世界会显得较为简陋，但我们能从中提取出可用的数据，以说明围绕虚拟商品建设的经济与围绕实物商品建立的经济一样强大。几十年以来，对于虚拟世界中能够改善体验、增强满足感的商品，人们展现出了强烈的购买欲望。

2001 年，经济学家爱德华·卡斯特罗诺瓦（Edward Castronova）发表了一篇论文，写到了大型多人游戏《无尽的任务》（*EverQuest*）中蓬勃发展的经济体。据说当时游戏世界里的货币比日元还要强劲，"人均国民生产总值"甚至在全球排名达到了第 77 位。卡斯特罗诺瓦观察到，玩家很愿意花钱在游戏中购买各种各样的虚拟物品。他写道："这些普通群众似乎已经对普通电商感到厌烦和沮丧，转而把全部精力和热情投入基于数字化身的网络市集。很少人愿意在电商那里购买轮胎，但却有数十万人愿意给虚拟化身购买新鞋。"

卡斯特罗诺瓦在花了几个月的时间研究这款游戏世界里的经济模式后，发现它与现实世界的经济模式本质上具有相似性。卡斯特罗诺瓦写道："从经济学家的角度来看，任何具备劳动力、国民生产总值和浮动汇率的独立区域都可以被称为经济体。按照这个标准，新兴的虚拟世界也必然具有真实性。"在游戏中，商业活动的地点是临时市集，虚拟化身们在那里进行交易，为虚拟商品讨价还价。卡斯特罗诺瓦的论文中穿插了一些简短的"日记"，讲述了自己的游戏经历：

> 我通过贩卖迷雾橡果狠赚了一笔。迷雾丛林里就能捡到迷雾橡果。有一天，我在大河谷遇到了一位女士，愿意用 8 白金币 / 个的价格购买我手上的橡果。这可是一大笔钱。她说买这个是为了得到护甲。好吧，随便她。因此，我开始养成捡橡果的习惯，捡完就到大河谷去卖给有钱人。他们不想亲自捡橡果，就花钱买。典型的经济学——我的收集行为换来了财富。现在我可以买一顶上好的帽子了。

《无尽的任务》成了一个经济体，这在游戏中并非个例。只要规模和复杂性达到一定程度，《网络创世纪》《星战前夜》《第二人生》等任何虚拟世界都会出现类似的经济体。[敝公司联合创始人罗伯·怀特黑德（Rob Whitehead）青少年时期曾在《第二人生》中做过一段时间的军火商，他使用制作、销售虚拟武器所得付清了大学学费。〕诚然，上述虚拟经济体并没有对现实世界的经济产生实质性影响，但这并不意味着虚拟经济本质上是脆弱的，只是说明了这些虚拟世界的容量和复杂性不足以支持大量用户参与，而且这些世界和现实世界之间的价值转移机制还未完全形成。在不久的将来，技术问题将不再构成障碍。技术进步会让虚拟世界的质量和价值得到提升，让人们购买或出售虚拟商品的范围得到扩大。

虚拟商品如何才能具备价值？它必须对虚拟世界里的购买者来说有一定用途。拉斯维加斯的游客往老虎机里投入 5 美元，与其说是为了回报，不如说是为了体验。与此相似，虽然购买商品也可能纯粹出于好奇心，但这种动机很快就会消失殆尽。好奇过后，你就会期待能从在虚拟世界购买的物品之中获得某种形式的回报。因此，这一商品必须在某种意义上对你来说具有重要性，它要在虚拟世界中起到某些作用。可以满足上述条件的虚拟商品常常是那些新颖有趣的商品。

虚拟商品要想具备价值，要么新颖有趣，要么具备实用性——如《无尽的任务》里的狩猎武器、《第二人生》中的虚拟房屋等，最好的情况是两者兼备。给这些商品赋予价值的是人类的创意能力。要想设计出令人争相购买的虚拟商品，就必须先把这些商品当作创意表达的媒介。你的虚拟商品越有表现力、越独特，它的潜在价值就越大，因为人们都想拥有独一无二的东西。

在现实世界和虚拟空间里，所有价值的来源都是稀缺性的。正如卡斯特罗诺瓦在论文中所写："稀缺性使（虚拟世界）乐趣无穷。给化身积累资本的过程与现实生活中谋求个人发展的过程十分相似，激发的都是我们大脑中衡量风险和收益的区域……人们似乎更喜欢有所约束的世界，而不是无限放任的世界。"但与现实世界相比，在数字空间表现稀缺性更为棘手。

在现实世界中，大多数有形商品都具有竞争性，即两个人不能同时拥有或同时购买一件商品。你戴了一顶帽子，那么同一时间在现实世界不可能有其他人也戴着这顶帽子。如果你的朋友也想要一顶类似的帽子，他就要花钱购买，因为制作帽子需要成本。如果他就想要你那顶帽子，他就得从你那里买走，或者从你头上抢走，再或者等到你不爱戴了再主动送给他。

然而，数字商品却可能具有非竞争性。理论上来说，构成数字"帽子"的像素和计算机代码可以无限复制，不需要额外成本。由于生产数字商品的边际成本为零，传统经济学认为其价格也应该为零。根据这一逻辑，提高数字商品价值的唯一方式就是人为创造稀缺性。

但我们也需注意，虚拟世界中也存在隐藏的稀缺性。任何故事、任何观念世界里总是会区分出等级、重要程度、能力与权力的大小，总是会有些东西让故事变得有趣起来。正是因为某些商品、货物或服务的稀缺性可以被量化，虚拟世界才会产生应有的戏剧冲突。如果在"中世纪世界"里，皇宫附近的区域只能容纳1000户住宅，那么第1001个来到这里的人就住不下了。如果这个人住在皇宫附近的意愿非常强烈，就必须付出一定的经济代价。

　　虚拟空间中的稀缺性和价值问题是非同质化代币试图解决的问题之一。在我写作之时，很多人仍不太了解NFT的概念。当下，人类活动围绕现实世界展开，而NFT似乎无法解决任何现实世界的问题。许多围绕着NFT的相关论述都认为它是不严肃的数字工具，如果仅从现实世界的角度来看，这种定论也有其原因。例如，当一个垃圾桶的简易数字图像在NFT市场上卖到25万美元，这时你也不能怪别人摇头（我要赶快补充一点，若把NFT当作艺术品或数字社区准入凭证，那么它确实具有价值）。

　　在虚拟世界中，NFT等基于区块链技术的工具可用于数字资产的证券化，还可保证数字商品独一无二的属性。利用区块链技术，我们能够制定可审计的互操作规则，以此限制供应、创造价值。对人们来说，通过生产、销售虚拟商品谋生也变得更加容易。这一机制既在一定程度上保证了产品的不可变性，又证明了产品所有权的归属，令创造者和购买者都获得了价值。

　　借由这些创新，虚拟世界中的数字商品买卖或将从小众爱好转变为合法职业。我在上文已经指出，此前各种数字世界的经济体对现实世界造成的影响十分有限，遏制了普通用户辞去日常工作、在虚拟世界中开展长期业务的热情。元宇宙必须最大限度地减少个人财富创造的结构性障碍。

　　平台供应商不应霸占所有在虚拟世界内部及世界之间创造价值的收入机会。要想让元宇宙实现公平、民主，成为具有变革性质的意义之网，关键在于为劳动者和创业者建设一个自由、公平的市场；而要想建设自由、公平的市场，方法就是要在元宇宙内建立起经济价值的存储、转移和保障机制。这种机制既是区块链技术的自然而直观的用途，也是通向虚拟工作的必由之路。

▶ 真实的收益，虚拟的体验

时间来到了 10 年后。你在现实世界度过了漫长的一天。在完成工作，把孩子哄睡之后，你只想在一个友好而熟悉的场所享受他人的陪伴，好好放松一会。你戴上耳机，登录元宇宙，来到了"罗杰酒馆"，这是你最喜欢的虚拟酒馆，位于你最喜欢的虚拟世界——"90 年代世界"。虚拟酒馆的好处显而易见：它的欢乐氛围和真实酒馆一模一样，但你不必动身前往，不必花钱请保姆照看在家的孩子，更不必遭受隔天醒来时的宿醉之苦。不过，"罗杰酒馆"的卖点则是罗杰本人：这位酒保总是身穿法兰绒工作服，他热情洋溢、手脚麻利、幽默风趣、善于聆听，而且他遇到科特·柯本（Kurt Cobain）的故事也精彩至极。

因为你在这里花钱喝酒，因为你和其他来到这里的顾客都享受他的陪伴，所以罗杰才一直在"罗杰酒馆"里工作。每周 6 天，从下午 5 点到凌晨 2 点，只要你来到酒馆，就能看见罗杰在吧台后面倒酒、讲故事，介绍顾客们相互认识。经营虚拟酒馆是罗杰的真实工作，是他谋生的方式。这份工作将他健谈和善于社交的优势和能力完全发挥了出来。你来到酒馆，罗杰向你打了声招呼，把一杯啤酒放到你最爱坐的那张椅子上；你微笑着向他支付了"90 年代币"——"90 年代世界"的加密电子货币。因为你知道，自己将获得物有所值的体验。

即使"罗杰酒馆"是一个完全虚拟的空间，但你还是愿意一直光顾，为它贡献自己的力量。你心甘情愿付钱给罗杰本人，让他每周 6 天按时上班，因为你需要自己最喜欢的虚拟酒吧正常营业，最喜欢的酒保正常出勤，你就可以随时来"喝酒"了。这就体现了个人在虚拟世界中赚钱的第二种主要方式：为虚拟世界的其他参与者提供有趣、有用的体验。

自动化程序无法创造出"罗杰酒馆"这样的体验。它是人类行为的产物。电脑编程使虚拟世界丰富多彩，令人身临其境，但是要让这些世界产生精细化的逼真体验，还需要人类的劳动。

先进的电子游戏使用深度编程，允许玩家探索开放世界，与那里的角色自由互动。为什么虚拟体验不能像电子游戏一样呢？与 NPC（非玩家角色）的互动乍一看可能很有趣，但长远来看，还是无法为玩家提供满足感体验，这就是虚拟世界必须接替电子游戏的原因。虽然二者表面上有所相似，但电子游戏是让玩家在有限制的系统中独立进行活动，而元宇宙并不是一款电子游戏，它是连通虚拟世界的网络，其中的价值受到两个因素的影响：一是参与者数量；二是参与者获得的满足感和参与者为其他人创造的满足感。

当今世界上最有价值、最受欢迎的游戏就是多人游戏，这一现象很好地证实了我们这里所讨论的价值主张。数字空间中有其他人存在，且人们都认可彼此是真实社会的一部分，而不是人形游戏道具，这是元宇宙产生满足感体验的基础。如果足球比赛的观众席上全是NPC，这场比赛还会令你兴奋不已吗？人工智能生成的NPC外观会非常逼真，但问题不在于逼真程度，而在于意义。这些NPC没有生命，与社会毫无关系，存在的全部目的就是坐在观众席上填充场地，所以他们脸上的兴奋也没有多少意义。

假设在另一个世界里，你就是上帝，无论如何诞生于世，所有人都是真实的，而且他们会永远顺从你的意愿。现在让我们想象一下，你离开那里回到了现实生活，结果沮丧地发现：在那个世界发生的事情在现实世界里全都不重要。两个世界间不存在任何有价值的意义联系，这种失调状态无法令人感到满足。另一个世界里你可以操控的生命或许和现实世界的生命在外貌、谈吐、行为方面都一样。这些AI生命智慧且逼真，内心世界丰富多彩，在功能上与你我没有区别。但是，他们与你其他部分的生活以及更广泛的世界网络缺乏联系，这限制了他们在元宇宙中提供价值的能力。

我们早就知道，人类的劳动和互动可以为网络体验增添价值，机械化的互动无法与其相媲美。例如，网络小组的组长或评论区的版主常使用个人判断力和智慧来防止讨论跑题、提高讨论效率、维护讨论风气，为论坛贡献了巨大价值。能体现人类劳动为虚拟体验增添价值的另一个例子就是游戏"代练"：为提高你在游戏中的排名，陪你一起玩或给你练号的高端玩家。找代练并不一定代表着作弊或插队。有时，出于现实原因，即使是高端玩家也有可能在一段时间内无法上线。在此情况之下，他们就会雇用一个技术水平相同的游戏代练，保证排名不会在自己缺席期间下滑，以便回来后接着玩。还有一种情况是，某些新手玩家如果只是想和朋友们一起玩某款游戏，他们就会雇一个代练，使排名快速升至和朋友们差不多的等级，满足自己和朋友们玩游戏的需求。代练相当于虚拟世界的领路人，帮助玩家到达他们自己难以到达的目的地。

更广泛地说，我们之所以能从人类创造的故事中获得满足感，就是因为这些故事的社会语境。人气桌游《龙与地下城》(*Dungeons & Dragons*)就是一个例子，它说明了人类在群体环境中讲述故事的行为可以把游戏变成一个世界。虽然这是一款模拟游戏，但人类的叙事使它与所有外观精致的数字世界一样复杂且丰富。游戏主持人叫作"地下城主"(Dungeon Master)，使用指导手册和骰子展开即兴故事叙述，游戏参与者可以创造一个角色，在游戏世界里进行探索。随着故事发展，角色们也在不断成长和改变，他们结成伙伴、改变故事走向、一起解决问题、同甘共苦。游戏的结构十分灵活，因此，一个故事可以持续很长时间，有的甚至持续数年。它不像那些封闭的游戏世界，等级越高关卡越难，玩家通过最后一关就是赢家。相反，《龙与地下城》的发明者加里·吉盖克斯(Gary Gygax)和戴夫·阿尼森(Dave Arneson)创造的是一个开放世界，其中的参与者可以自由勾画出游戏细节。

人类互动可以为数字空间或虚拟世界的用户创造内在价值，上述内容只是其中几个例子。在元宇宙的虚拟世界里，一个至关重要的因素就是要有人类的介入。如果说虚拟世界是生产满足感的机器，那么人类的创意性劳动则提高了满足感的产量，它不仅能在虚拟酒馆这种日常性体验中发挥作用，还可以在一些非日常的刺激体验中发挥作用。

假设你加入了"大盗世界"——一个为用户提供电影般抢劫体验的虚拟世界。这种体验如果要给人带来兴奋感和满足感，就需要满足很多条件，其中最主要的就是"危险"，即被警察抓住的可能性。如果你知道抢劫必定会成功，自己必定会脱险，那有何乐趣可言？整个体验就不再是挑战，而是作弊。如果警察只是具有简单移动和行为功能的 NPC，你可以预测出他们的移动轨迹，只要躲在屏幕左侧就能避开他们的注意，那么"大盗世界"就更像一款电子游戏而非一个真实世界。但如果警察的数字化身不由电脑程序而是由其他玩家控制，那么你就可以和他们互动，与他们斗智斗勇，从而获得绝佳的虚拟体验。

如果你认同这一观点，那么你就可以理解为什么"大盗世界"有些盗贼会花钱雇人当虚拟警察。一支可靠而敬业的警探队伍会使你获得更好、更充实的抢劫体验。同样，有些虚拟警察也可能会雇你每星期策划一场抢劫，因为只有棋逢对手才能使体验更上一层。想象一下，若有千千万万的人时刻关注某个虚拟世界，愿意花钱为自己和他人增强体验感，这个世界的经济就将蓬勃发展，虚拟警察、虚拟小偷、虚拟酒保等各种社会角色也将如雨后春笋般出现。"大盗世界"的盗贼们也许会登陆"90年代世界",计划去"罗杰酒馆"实施抢劫,警察闻讯而来,随即开展抓捕行动。这些虚拟世界因此开始产生关联。

早期虚拟世界受技术水平制约,可容纳的规模和可呈现的深度十分有限。但在今天,技术水平得到了大幅提升,虚拟世界可以容纳更多人,在虚拟世界里可以做更多事。随着复杂性增强、规模扩大、需求增加,虚拟工作将成为真正的工作。在未来,"罗杰酒馆"的顾客期盼着酒馆按时营业,希望看见为他们点单、调酒并与他们谈笑风生的罗杰。一开始,罗杰或许可以改变自己上下班的时间,但情况很快就会发生改变。如果有众多参与者在享受到情绪价值后给予罗杰经济回报,这就会让他感到自己有"出勤"的义务,就像从事一份真正的工作一样。不过,虚拟工作有很多优势,其中之一就是他可以待在家里、坐在自己最喜欢的椅子上舒舒服服地工作。虚拟酒保不用更换酒桶、处理咄咄逼人的醉汉,也不必每天站着工作10个小时。罗杰可以免受体力劳动之苦,完全专注于为顾客提供参与体验、创造情绪价值。

到目前为止,我们一直探讨的是虚拟世界中的"手艺人"劳动,也就是那些涉及个人对个人的交易和互动的商品和服务。但是,虚拟世界的巨大市场也包含更为复杂的体验,即需要整合大量资源的任务、冒险、庆典和奇异事件,主导者可能是公司而非个人,因为这种细节精致的沉浸式冒险体验,如举行大型节日庆典,要花费数千万美元。这些体验将成为虚拟世界里的合法业务，必将创造出许多就业机会。

我们可以把虚拟世界的各种机会当作向上发展的阶梯。前提是，人们愿意在虚拟世界中花费一定时间进行劳动，使这个世界对其他用户来说更有价值。但是，一个刚刚来到虚拟世界的新手可能没有什么高端技术，也没有能力创造出复杂且有价值的体验。因此，他们将从最底层阶梯开始做起，寻找与自己能力相符的工作和机会。随着技术水平提高，他们在阶梯上的位置越来越高，虚拟世界自然会为他们提供更加复杂的工作——或许是为其他人创造体验，或许是在上文提到的宏大体验中扮演一个有意义的角色。

虚拟工作至今未对经济产生重要影响，一个关键原因就是虚拟世界还没能与现实世界建立起强大的联系，也没能在彼此之间建立起强大的联系，价值转移的机会少之又少。如果能在虚拟世界和现实世界之间建立起一个元层，那么虚拟工作的分量将变得不可忽视，虚拟世界将成为主要的就业去向。当虚拟工作变为真实工作，我们该如何持续优化劳动者的满足感？我们如何让虚拟经济改善人类社会，避免资本主义缺陷？

▶ 价值新范式

现在的问题不是虚拟工作是否该存在。它已经存在，而且会持续存在。但我们当下仍然处于可以改写未来的阶段。我们仍有机会重塑就业规则，让虚拟就业绕开许多已有就业模式的陷阱。我们可以在虚拟世界的背景下创造新的就业模式，而不仅仅是将旧的、畸形的工作体系搬到虚拟语境中。我们如果想让虚拟经济改变现在的经济状况，就必须遵循这种模式。

转变之路看似漫长，但实际上，很多人已经在从事虚拟工作了。新冠疫情加速了网络办公的普及。远程会议应用程序、工作流软件、社交信息服务以及远程办公政策的兴起，使得许多人从未在现实中见过同事，从未看见过办公室长什么样，也从未实际接触过自己参与生产的产品。

在本书读者当中，一定有好多人盼望不必再通勤、不必再在茶水间与同事社交。现在，梦想终得实现，但为什么感觉不尽如人意呢？很多劳动者觉得远程工作的体验不是很愉快。我认为，一部分原因是雇主们试图把新媒介融入旧有的工作语境。在现实中开会本就令人烦躁，远程办公却使会议数量进一步增加，这种现象很不合理。它模糊了家庭和工作之间的界限，把任何时间都变成了工作时间，令员工极其沮丧。在过去，只要离开办公室就意味着一天的工作已经结束。但现在，家变成了办公室，本该用于生成满足感的工具被用于提高生产力。我们如果真的想重塑工作结构，迈向虚拟社会，就应认识到现在的做法根本不能帮助我们走上康庄大道。

许多人在生产虚拟产品的公司工作。我在上文提到过，虚拟经济生产的并非你可以拿在手里的东西。谷歌、脸书、软件公司、游戏公司和在线内容提供商的产品都是通过屏幕这种媒介来呈现的。我们可以说，这些是生产虚拟产品的虚拟公司。分歧在于，许多虚拟公司仍然基于现实世界的语境进行运作，这可能会导致认知失调，而且这种类型的虚拟工作在某些方面不是很理想。

今天，围绕互联网展开的虚拟工作主要是通过某种方式提高现实世界的商业效率，如消费者寻找商家、品牌建立社群、现实世界的新闻或娱乐内容寻求广泛传播。与今天不同，未来，元宇宙经济发展的主要任务不是提高商业效率。元宇宙的企业将与互联网电商存在根本性差异，它们的目标是生产满足感，而非商品或数据。我相信，元宇宙企业将引发曾在 20 世纪与 21 世纪之交出现的宏观经济巨变。

20 世纪末，全球经济停滞不前。在 1996 年《财富》（*Fortune*）杂志的世界 500 强排行榜中，通用汽车公司（General Motors）名列前茅，但其名次与 1955 年该排行榜首次问世时的名次一模一样。紧随其后的是几个老牌中坚企业：福特汽车公司（Ford Motor Company）、埃克森美孚公司（ExxonMobil）、美国电话电报公司（AT&T），它们的商业模式（汽车、石油、电话）连你的祖父母都可以理解。20 世纪末横行世界的大型企业生产的多数都是实体产品。

到了 2021 年，全球经济焕然一新。在 2021 年《财富》500 强排行榜中，排名第一的虽然是沃尔玛（Walmart），但第三和第六分别是亚马逊和苹果公司（Apple），谷歌母公司字母表（Alphabet）的排名也很靠前。（通用、福特、AT&T 和埃克森美孚分别是第 49、47、26 和 23 名。）按市值计算，世界上最大的公司依次是苹果、微软（Microsoft）、字母表和亚马逊，特斯拉和 Meta 并列第五——这 6 家都是万亿市值的公司，其中 5 家是数字经济的巨头公司。

在 25 年的时间里，整个世界由实体经济过渡到了数字经济，创造出了前所未有的大公司。互联网的出现催生了这一趋势，新机会、新需求从中涌现，让懂得满足需求的人赚得盆满钵满。那些在 1996 年主导世界的大公司到了 2021 年大多仍存在，但由于它们植根于旧时的经济模式，已经失去了对当今和未来经济发展的决定性影响力。互联网的崛起创造出新的价值模式。

同样，元宇宙的崛起也将带来新的价值模式。如曾经的互联网一般，在短期内，虚拟世界和元宇宙催生的经济机会和经济价值将对现实世界的经济模式产生巨大破坏。纵观历史，人类一直在通过构建的现实来寻求满足感和有效体验。正如互联网把数据变成了可以被整合、搜索和展示的宝贵资源一样，元宇宙将把有效体验进行商品化。互联网曾为互联网公司的生长开辟了肥沃土壤，数字化的虚拟世界也将成为公司和企业家实现雄心壮志的平台。

我相信，随着虚拟世界规模的扩大，数以百万计的劳动者将依赖虚拟世界获得收入。很遗憾，现实世界的法律结构还未涉及元宇宙经济崛起后的诸多问题。当政府机构意识到某项新技术造成了某种社会问题时，往往为时已晚。在今天，主导数字经济的万亿美元级公司规模大到不仅不可能倒闭，而且无法挽救。从影响力和自主权方面来看，谷歌和脸书等公司实际上已经自成一"国"。世界各国政府与这些公司之间的关系与其说是监督，不如说更像外交。

　　为在元宇宙建立一个有效且高效的监管结构，我们必须牢记这一点。政府监管往往落后于技术变革的步伐，因此元宇宙的监管结构既会包含现实世界某些事物的治理结构，也会包含元宇宙本身的治理结构，而交换模式可能会在后者的构建过程中起到关键作用。当虚拟世界的重要性达到一定程度，它们就会开始进行自我管理，我们将会见证政治、民主和自由在元宇宙以新的形式出现。此时，虚拟世界就真正成了虚拟社会。但在这之后呢？为确保虚拟社会不走现实社会的老路，从源头上遏制资本主义和互联网时代的诸多问题，我们该如何构建好监管体系这一上层建筑呢？我们将在下一章做进一步探讨。

第 八 章

暴君和公域

当互联网时代被载入史册之时，很可能会被冠以"数字黑暗时代"的称号。道德败坏的大公司控制着互联网，通过采集、滥用用户数据获得利润。这些公司的规模及网络效应巨大，竞争对手很难挑战其主导地位。从对用户、内容创作者和企业家的影响力来看，它们俨然成了新世界中未经人民选举的帝国政府。

硅谷总在讨论初创企业或者具有"颠覆性"的企业。但是科技领域的巨头已经不能被称为企业，甚至都不能被称为垄断企业。它们成了全球性的帝国，只不过没有武装力量。谷歌市值约 1.8 万亿美元，比整个俄罗斯的 GDP 还要高，事实上足以被列为全世界第 11 个最富裕的国家。据 Meta 公司 2021 年第四季度财报，脸书、照片墙、飞书信（Messenger）和 WhatsApp 的日活跃用户为 28.2 亿，比中国和印度的人口总和还要多。

互联网帝王们没去征服新大陆，而只是让他们的用户"子民"作为数字奴仆侍奉自己。如果没有来自用户的无数帖子、照片、点赞、群组和评论，脸书将只是一个平平无奇的网站。如果没有用户上传寻求利润或自我表达的视频，"油管"也只是一个濒临倒闭的视频商店。用户为平台创造了全部价值，但他们却只能获得一小部分利润。

今天的大型互联网平台可以粗略简化为两部分。一是有趣的用户功能：照片滤镜、点赞按钮、即时信息等；二是庞大的用户数据库，代表了该平台的价值。第一部分用于吸引用户，第二部分用于赚钱。

脸书系列产品、谷歌搜索引擎、亚马逊、腾讯微信等服务都由公司控制的大型数据库支持。这些用户、网站或信息的数据库保证了公司核心业务的运转。用户的使用行为不断扩充数据库，使得这些公司可以自由挖掘、利用这些数据，并从中获得巨额利润。它们利用对全世界信息的掌控权，获得了无限财富。

我推测你作为本书读者可能对上述思路相当熟悉，但你或许从未想过，在整个过程之中不一定有人存在恶意。科技公司的早期目标是维持生存，之后就是满足现代投资的要求——不计一切地追求增长。一旦进入增长阶段，公司发展就变得不可控，只能任其自由发展。一位科技公司的创始人曾向我透露，在达到一定的"产品—市场契合度"后，他所做的任何决定都不像最开始那样重要了：不管是好是坏，公司都会发展。网络效应确保了这一过程发生的必然性。

但是企业扩张的必然性往往被用于自我开脱。大公司总在宣称扩张不可避免，以此劝阻同行的竞争和外界的监督。政府监督机构应限制企业越权行为，明确规定企业应担负的社会责任。几个世纪以来，反托拉斯法终结了许多商业垄断行为。在某种产品进入市场前，美国食品药品监督管理局（Food and Drug Administration）等现代监督机构会确保该产品具有安全性和有效性。在资本主义体系中，通过施加某些限制来保护公共利益是政府的基本作用之一。即使是一向宣扬自由市场经济的米尔顿·弗里德曼（Milton Friedman）也曾在《资本主义与自由》（*Capitalism and Freedom*）中承认，在防止企业危及社会健康和社会环境方面，政府监管可以起到重要作用。从发达国家的现状来看，这些监督机构虽在其他领域起到很大作用，但大多都无法控制互联网巨头、抑制它们的野心。

在过去的 25 年间，新兴企业迅速发展，市值逐渐达到数十亿、数万亿美元，原有经济格局被打破，但监督机构却迟迟没有跟上经济的变化。许多立法者无法辨别这些公司与其他科技公司的不同之处，也尚未认识到为何要禁止它们独自掌控不断累积的大量用户数据。直到 2018 年，美国国会才要求马克·扎克伯格出席听证会，此时，脸书已成立了 14 年、市值接近 5 000 亿美元，但这场听证会只展现出了美国的立法者对互联网的浅薄理解。会上，80 多岁的共和党参议员奥林·哈奇（Orrin Hatch）问扎克伯格："既然用户不为你的服务付费，那么你如何维持自己的商业模式？"一个人只有把脸书当成普通企业时，才能问出这样的问题。

大型互联网公司不只提供网络服务。在镀金时代，垄断企业的规模和效率阻碍了市场竞争。在今天，这些互联网巨头垄断了数字化新公域，造成了更为严重的社会问题。从广义上讲，公域（commons）是服务大众的公共资源；我在这里所说的公域，具体是指互联网巨头所控制的庞大用户数据库。公域内容通常是由无数公民免费创造出来的。在网络平台产生的数据公域就像空气、水源、国防和基础设施一样，对现在和未来的社会运行起着至关重要的作用。这些典型的公共物品一般由政府管控。政府可以决定人们在公路上的行驶速度，可以禁止企业为减少垃圾处理费用向河里倾倒垃圾。同样，政府自然也应决定公共物品的使用问题，包括谁来控制公共物品、谁可以获取公共物品、是否允许私人公司使用公共物品获利、如何利用公共物品造福大众。这些数据展现了当下的社会现实和公民生活，也定义了它所创造的虚拟社会。

互联网平台有助于拓展社会现实新领域，但平台方也可以单方面实施操控。如果说这是虚拟社会的一个发展阶段，那么我们可以把它称为"暴政阶段"，因为这些"暴君"剥夺了"公民"的权利：用户无法对平台施加压力，也无法参与管理系统中去。管理系统几乎是黑箱操作。用户可以在平台上赚钱，但必须严格遵守规则，且平台可在任何时候以任何理由破坏用户的业务。由于公司牢牢控制着公域数据，用户想离开平台，就必须放弃自己在平台上经营的数字身份。

也许这些公司对公域行使权力，可以使我们受益，也许只有它们才能利用公域创造价值。有些人认为，这些公司做到了高度创新，所以，为了大众福祉，我们可以让它们获得某些特权。但只要进行简单的财务分析，此种观点就会不攻自破。互联网巨头花钱大手大脚，有时会把数十亿美元投到华而不实的项目里。它们通过垄断获得的巨额财富往往用于收购，掩盖了它们在制造新产品方面的无能。这些现象说明了在互联网市场上缺乏良性竞争。

尽管一些大型科技公司是公众持股，但其股本结构从本质上剥夺了普通股东的权利。除最大股东和公司高管以外，创始人往往不对任何人负责。由于我也手握这种特权，我的反对可能看似有些虚伪，但是在整个国家的运转都依赖某一平台，且没有多少可选项的情况下，我很难为创始人的极端控制权正名。"绝对权力"加上"零责任"将导致可怕的结果，这样的例子在历史上比比皆是。不出意外，权力如果被整合到少数的科技公司创始人手里，人类或许会退回一个王位继承危机遍布全世界的时代。即使是最优秀、最智慧、最值得尊敬的创始人也可能会突然去世。如果平台数十亿甚至数万亿美元的经济活动都由这些人全权决定，他们走后，公司将何去何从？

政府不只是在监管方面落后于科技巨头：它们从根本上就没能理解这一问题的规模和重要程度。监督机构如果坚持以过时的参照框架看待新兴的业务，那么必将生成错误的观念、得到失败的结果。在有效监管缺席的情况下，主宰互联网的大公司只能自己管理自己，但它们并没有这样去做。如今，这些企业有能力对全世界的文化、社会和民主发展产生深刻影响。我们早已见识过它们的"威力"。

在我们目前所处的数字黑暗时代，畸形的社会理论和政治理论大量涌现，比在非网络世界里传播得更加迅速，破坏了社会的稳定，令煽动者小人得志。社交平台上触目皆是网络骂战，网民并没有因为实名制而谨言慎行，反倒日益猖獗。某些平台也试图规范这些不良行为，但在过程中武断专横，从结果上看还徒劳无功。由于互联网本身就存在缺陷，网络讨论注定会以失败告终。30 年前，理想主义者们相信互联网将带来学习、交流和民主参与的复兴。但与此同时，互联网也催生了脸书和"匿名者 Q"（QAnon）之流。后者是一个末日邪教，信奉各种阴谋论，包括"约翰·F. 肯尼迪（John F. Kennedy, Jr.）终将复生"，以及"唐纳德·特朗普（Donald Trump）具有伪神性"。

元宇宙将比互联网更加重要、更为逼真。构成元宇宙的虚拟世界将创造出"人类"的新定义——这也意味着，如果我们不够谨慎，元宇宙可能会勾出人性最邪恶的一面。"匿名者 Q"是网络"热梗""热帖"的产物，如果你觉得现在已经够糟了，那么请想象一下，当这个组织变成一个三维世界该是何种模样？虽然打造出一个有价值的元宇宙可以为我们带来前所未有的满足感，但构建出一个恶性的元宇宙也可以造成巨大的心理创伤，对现实世界产生负面影响。

今天的科技巨头等不良的利益相关方必定会寻求机会将现代互联网的畸形价值观移植到元宇宙中，一边剥削用户、一边扩张权力。我们不难想象，在未来，元宇宙将从全球集结数万亿美元的资金。通过为用户提供服务和体验，元宇宙的重要性和地位将可与现实世界相媲美。元宇宙如果没有监管系统，当下那些互联网"帝王"将继续在即将到来的虚拟社会时代作威作福，从元宇宙中攫取利润，而其他人的处境将糟糕至极。如果让这些不负责任的公司担负起元宇宙的管理和监督职责，那就太过愚蠢了。

我们无法阻止变革的脚步，无法改变人性，也无法完全控制住企业的增长需求，但是我们更不能变成失败主义者。我们要相信，元宇宙内可以形成一个良好的激励机制。尽管我们目前生活在一个黑暗的数字时代，但我们要时刻铭记，在世界历史上，所谓的"黑暗时代"（这个时代的生活或许感觉上没有后人想象的那样黑暗）过后便是"文艺复兴"。人类有自由意志，可以创造出发挥而非限制自身潜能的环境和条件，也可以打造出一个最好的元宇宙。为达到这一目标，我们首先要吸取互联网时代的教训，对错误进行改正。

▶ 去中心化的弊端

有些人认为，现代互联网最主要的问题即为信息错误问题。虽然网络上错误信息确实是随处可见，错误信息的广泛传播也确实给现实世界造成了不少恶果，但我认为它更像是结构不完善的症状，而非它的病因。抛开监管缺位不谈，互联网最主要的问题在于它最初的结构过于天真，未能预见互联网参与者可能会出于自身利益采取对抗行为。一个去中心化的互联网本应是人类美好未来的希望源泉。相反，为了追逐效率，去中心化导致了极度的中心化。

包括加密货币在内，互联网上所有流行的服务本质上都是向中心化发展的。历史学家尼尔·弗格森（Niall Ferguson）在《广场与高塔》（*The Square and The Tower*）中详细讨论了这一问题的起源，用许多案例说明了这一模式在历史上会周而复始地出现。总而言之，任何网络都在追逐效率。就像河流总是沿着河道流动一样，网络总是围绕着重要节点运转。去一个地点和一个人进行所有交易，自然比去 40 个地方和 40 个人进行交易更方便。在不受物理空间限制的信息世界里，规模效应会倍增。在当今，一个好点子能产生巨大吸引力，几年内普及半个世界。

因此在实践中，大型科技公司不仅没有打破社会旧有的权力结构，经过不断发展，反而成了实际上的社会中心。它们开始是"市集"（agora），后来变为"城邦"（polis），最后进化成"帝国"。在历史上，帝王的权力在一定程度上受到制约，而且他们要以某种方式回应人民的需求，但是现代社交媒体公司却不受任何人约束。互联网不仅创造了中央集权，而且消除了真正意义上的合作和联盟。大型科技公司可以凌驾于政府和群众意见之上，名义上还在服务用户，实则无须听从用户的任何意见。

但个体权利丧失的现象正是去中心化网络一开始要解决的问

题。在实体的工业化世界里，出版商和广播公司集中生产、集中分配知识与信息，塑造舆论。换句话说，经营报纸的人决定了报纸上的内容。作为一名读者，它能给你的最好回报也就是偶尔刊登一封你写给编辑的信。为了阅读报纸，你还需要付费，如果你不付费订阅，就不会再收到报纸。这种中心化模式一面赋予内容生产方——出版商、节目编导、著名记者——巨大权力和影响力，一面使其他人成为新闻和知识的被动接受者。此外，还消除了所有非主流的想法和观点。

去中心化的互联网试图颠覆这种权力结构。去中心化模式打破了中心化生产和中心化分配，把权力下放到了各个节点。互联网数据可被全世界无数台个人电脑储存和访问，而不是由一个巨型主机所控制。网络运转并不取决于某个节点，这使互联网具备较强承受力，且通过冗余配置加强了系统的可靠性；理论上来说，这种结构还可以防止某一方对网络数据实施完全控制。在信息的高速公路上想要建立收费站难上加难，一名用户如果坚持寻找绕过收费站的方法，那就一定能做得到。

互联网早期的理想主义者曾希望这种分散的权力结构能创造出平等的沟通和交易模式。但几十年过去了，很明显，去中心化网络却复制了现实世界的权力差距和权力控制机制。站在今天回顾互联网初期，我们很容易发现互联网失败的一些原因。

互联网的去中心化结构秉持内容中立原则，缺乏反馈机制，因此无法激励实用内容和道德行为，也无法阻止滥用互联网的行为。

例如，现在有两个网站，一个帮助人们预约新冠疫苗，另一个宣扬新冠疫苗是"深层政府"为所有人注射的微型追踪装置，这时互联网是无法判断二者区别的。

你可以说，内容中立原则是一件好事，至少平台上的用户真正拥有言论自由。虽然言论自由是一种真实有效的权利，但在现实世界中，奖励有价值的讨论、抑制无序争吵和反社会行为也很重要。然而由于互联网缺乏明确的道德行为标准，"滥用"的定义会随着所处网络社区文化规范的不同而变化。

在网络社区内部、各社区之间，没有普遍适用的身份管理系统可以帮助个人保护、控制和发展自己的数字身份。互联网鲜少关注用户身份的一致性问题。如果你想使用 200 个网站，你就要创建 200 份不同的用户资料，而且这些网站大多都无法为你提供自我决定的机会。你自然也不想去主动经营或保护这些被迫创造的数字身份。

对身份概念的弱化直接导致了互联网中的反社会行为。我认为，许多人很难对自己的各种网络身份产生认同，就像照镜子却认不出自己的模样。思路的狭隘抑制了同理心。在大型互联网平台上，人们缺乏塑造身份的自主权，数字身份往往将真实、复杂的个性缩减成尖端的文字，因此，这些身份也成为掩盖真实自我的面具。"网络喷子"之所以肆无忌惮，一部分原因是他们无法感知其他网民的人性，另一部分原因是在他们的网络身份中人性几乎不存在。做一名好网民，用心经营符合自我个性的数字身份不会获得明确的奖赏，做坏事反倒更容易，也更有成就感。

目前，互联网并没有明确惩罚制度和有效指导方法来清除垃圾信息，阻止不当行为。然而有能力采取具体措施的却正是那些通过传播垃圾信息获利的平台。这种矛盾不可调和。互联网本身既不能抑制垃圾信息的产生，也不能区分有用和有害的内容，导致人们更容易对垃圾上瘾，主宰互联网的大公司更没有整治风气的动机。

构建互联网的理想主义者们并没有在互联网基础设施中建立任何道德机制。企业的控制权不受约束，肆意剥夺用户权力，让不道德现象在互联网中横行。在缺乏能够激励良性行为、确保网络社区治理的制度结构的情况下，网络上掌握实权的是规模最大、财力最强的参与者。互联网的创建者们曾怀揣着乌托邦式的理想，相信互联网将为人类创造更加美好的未来。但事实证明，他们无法仅凭先进科技改变用户根深蒂固的行为模式。

▶ 垃圾信息为何（几乎）总是获胜？

总有人认为，新的通信技术将自动带来智慧的启蒙。新技术的创造者坚信技术的使用者拥有和自己一样的期盼和道德准则。根据尼尔·弗格森研究所得，16 世纪，欧洲引进活字印刷术最初是希望它能进一步激发民众对宗教的热忱。印刷术使人们读到了用熟悉的语言写成的《圣经》，这一成果在当时有望激发宗教信仰的热潮。

虽然受过教育的欧洲人对白话版《圣经》十分期待，但这绝不是印刷术的唯一用途。弗格森指出，最早的"畅销书"之一是《女巫之槌》（*Malleus Maleficarum*），这本书告诉人们如何识别隐藏在人群中的女巫，以及为何要消灭她们。人类无法摆脱本性。即使人们有机会去做一些神圣之事，但最后他们做的也都是些凡人之事。

万维网发明者蒂姆·伯纳斯-李（Tim Berners-Lee）受到自由软件倡导者理查德·斯托曼（Richard Stallman）的影响，放弃了万维网的专利，决定将它免费公开。他希望，万维网可以开启一个全民学习和自由表达的新黄金时代。关于如何使用互联网、如何为互联网做出贡献，没有一条集中的、成文的指导规则，这起初为创意行为和创造行为提供了肥沃土壤。来自五湖四海的人都可以发布自己的网站，为整体项目做出贡献，而对成果的评判由成果本身质量决定，并不依赖于创作者的背景或持有的证书。但"守门人"的缺位也就意味着，野蛮人到来之时，文明人没有自我防御的高墙。

在互联网早期时代，无政府主义倾向受到参与者的自我约束以及共同价值观的限制。许多最早的黑客和网络使用者都有着类似的学术背景，或者，他们都是反文化运动者，相信互联网是新时代的亚历山大图书馆（Library of Alexandria），是一个巨大的知识宝库，每个人都可以从中受益，每个人都可以为它做出贡献。他们希望，互联网能带来新的合作和表达模式，人们不会再受到主流标准的制约，可以按照自己的想法行事。这些人本意善良，并且坚信后来者也同他们一般善良，究竟何罪之有？

芬恩·布伦顿（Finn Brunton）在《垃圾信息：互联网历史中的阴影》（*Spam: A Shadow History of the Internet*）中写道，第一条垃圾信息诞生于 1994 年，两名律师劳伦斯·坎特（Laurence Canter）和玛莎·西格尔（Martha Siegel）向"新闻组"（Usenet）几千个讨论组发送了为非美国公民提供绿卡服务的广告。他们意识到，网络虽并非为商业活动而打造，但却也没有阻碍商业活动的机制，最坏的结果就是网上会有一群人责骂他们罢了；潜在的商业利益使他们克服了挨骂的忧虑。（如果他们真的如此权衡，从长远来看，结果和他们预想的不太一致。1997 年，田纳西州取消了坎特的律师资格，一部分原因是他在网络上发送了垃圾广告。）他们第二次向"新闻组"发送的垃圾信息遭到了拦截，这也是互联网上第一次打击垃圾广告的行为。有一位电脑程序员十分恼火，写出了可以自动删除群组信息的代码。在保卫互联网纯粹性的征途中，数字乌托邦主义者们也只能与那些发送垃圾信息的用户陷入无休止的消耗战，他们固然高尚，但却徒劳无功。

坎特和西格尔群发垃圾信息是不道德的表现吗？一方面，"新闻组"用户自然不希望论坛里充斥着无关内容。垃圾信息不符合整个社区的规范和意愿，用户也不习惯论坛中有商业广告植入。群发垃圾信息是只顾自身利益、违反社区规范的行为，在表面上来看是不道德的。另一方面，社区规范不过是发帖习惯，不是成文法，不具有强制性，也并非"新闻组"的官方规定，只有所有人都同意遵守，社区规范才能成立，一旦有一个人不同意，这些规范就会崩塌。在临时构建的道德规范系统中，为自身利益着想就可以被定性为"不道德"吗？在一个不成熟的系统里，这种现象必定会出现。

由于缺乏奖惩机制，互联网无法清除或惩罚违反初期创始理念的人，无法限制追求个人利益的人，也无法激发和奖励可以带来有益后果的亲社会行为。互联网的最终掌控者成了那些想要收集数据、滥用数据的人，而不是想要提炼、改善、分享数据的人。许多数据滥用者说着乌托邦式的语言，许诺自己的产品将加强人们之间的联系，使寻找、分享、回应有用和有趣的内容变得更为便捷，以此来改善世界。起初，许多公司在某种程度上实现了他们的承诺。

所有蜕化变质的网站，应用一开始都曾有用过、有趣过。谷歌提供了一种可以更好地组织和搜索互联网信息的方法；脸书让身处异地的人们也能找到旧识、建立新关系。早期，这些公司在提供新功能的同时，减少或消除了用户的参与成本，以大众喜闻乐见的方式创造了价值。但是，所有公司都有增长的刚需，这意味着它们做出的选择必须基于自身利益，而非社区的利益。

我们在上文讨论过，这些公司之所以能控制互联网，根源在于它们拥有庞大的实用性信息库。不论是用户数据、待售商品信息还是各种短消息，最终访问权限都控制在平台手里。互联网早期的"去中心化"愿景已被一些高度中心化的系统所取代，这很是讽刺。一部分原因是，此前，公司与个人共同使用的去中心化数据库曾出现不少问题，实用性不强。最主要的一个问题是我们难以处置公域中的不良分子。去中心化系统很难强迫某一节点做对整个网络有益的事情。在计算机科学领域，这一问题被称为"拜占庭将军问题"（Byzantine generals' problem）。

1982 年，莱斯利·兰波特（Leslie Lamport）、罗伯特·肖斯塔克（Robert Shostak）和马歇尔·皮斯（Marshall Pease）首次提出了"拜占庭将军问题"。它来自一个寓言故事：在古代拜占庭的军队中，有几位将军分别驻扎于敌方城市外的几个地点，他们需要达成统一的行动方案。将军们的所在地不同，因此必须找到交流的方式，以便确定最佳攻击计划。但是，他们对彼此都不信任，其中或许有叛徒会提供虚假的信息，导致所有人都做出错误的决定。问题就在于，使忠诚的将军达成统一，同时不让叛徒影响行动方案，这样的通信模式该如何构建？在你知道某些节点可能会影响整体的情况下，该如何优化网络、确保成功？我们能否建立这样一个系统：强大且有韧性，既能产生积极结果，又能抵御谋取私利的行为，即使遭受多次背叛也不会崩溃？

在"拜占庭容错系统"（Byzantine fault-tolerant system）中，参与者拥有共同的目标或战略，都知道系统中存在不可信赖的、自私自利的参与者，但该系统可以承受住这些行为的影响。有很多方法可以解决"拜占庭将军问题"，但在其中，最适合元宇宙的莫过于区块链技术了。

区块链的核心理念即是"拜占庭容错系统"，它可以把交易记录在一个无法毁坏、无法伪造的公开的、分布式的账本里。区块链系统具有可审核性、互操作性，以此限制所有机构的权力。从长远来看，区块链可以通过经济激励来促进人们持续进行合作、说服他人并获得认可，以及参与权力运作。这种系统不会因某一节点的故障或无能而崩溃。区块链的激励机制与旧有模式完全不同，真正体现了互联网对全球权力结构本应产生的变革性影响。

万事开头难。任何事物的初版总是糟糕得可笑，所以今天人们常说的加密货币和区块链方案既不实用，也并不有趣。加密货币已经成为投机、集中化和洗钱的工具。截至我写作之时，"公海"（Open Sea）等 NFT 交易平台的中心化和不透明程度就像谷歌等科技巨头一样。当下，加密货币市场中横行着犯罪分子、反社会者、黑客、骗子和鲁莽的胜利主义者。在你用 NFT 赚到大钱后，他们会立刻偷走你的财富，把标价数千美元的石头卖给你。但是市场中也充满了坚定的理想主义者和具有合作精神的思想家，以及支持去中心化结构的人。

区块链鼓励那些能为全体参与者创造更多价值的组织，但不允许榨干所有人利益、实施独裁的自私机构存在，在区块链的世界里，科技巨头拥有的大数据库会变成一项所有企业可共享、可协作的服务。合作将变得轻而易举，因为它已被植入系统之中，而那些执行成本过高的合同也可被编码在公共账本里。每售出一把魔剑时，想用某种复杂的方式对利润进行分成？没问题。想奖励在共享数据库中添加用户的其他企业？非常简单。要在某项业务的基础上建立另一项业务？做就是了。

在互联网世界里，获得胜利的总是垃圾信息和叛变的将军。当前数字经济的主宰者们对这一点心知肚明，但他们还是丝毫不顾大众处境、坚持追求自身利益。然而在区块链世界里，如果你想变得强大，那么就需要掌握和互联网世界完全不同的领导才能。当以太坊（Ethereum）或比特币（Bitcoin）需要进行升级，它们必须得先说服大众。你见过谷歌改变算法的时候做过民意调查吗？区块链可以使整个系统趋于透明，同时剥夺企业暴君的权力。

区块链式系统的治理和透明程度也不排除需要外部监督的可能性。社会仍然要建立监督机制，鼓励公平、竞争和民主管理，防止权力集中在少数人手中。这些干预必须是事实上的社会干预，而不仅仅是技术干预。

▶ 虚拟社会的监管框架

互联网中不断积累的数据形成了互联网数字公域，元宇宙也将产生一个庞大的元宇宙数字公域，用以驱动各种体验和服务。元宇宙公域将会包含互联网数字公域的内容，其中还会有虚拟世界独特的内容。在技术层面上，元宇宙由许多体验空间构成，这些空间又由代表着各种内容和资产的海量数据构成，包括大量的艺术作品。元宇宙也是一连串和游戏类似的体验和世界，其存在和运行即为基础设施提供的服务。元宇宙作为大规模的日常生活模拟器，还由各类身份、用户和交易系统组成。元宇宙不只是视频、图片和对话，还是一个规模庞大、交流频繁的虚拟世界网络，每时每刻都将发生数万亿次的互动。元宇宙公域的规模将远远大于互联网公域，这也是它不可被私人操控的原因。

在一个以增长为目的的世界里，为防止影响到经济生产，监管者往往不愿意对新兴产业施加严格限制。虽然这种理念有可取之处，但上文提到的科技巨头们仅用几年时间就从穷困潦倒的创业公司摇身一变成为创造历史、权势滔天的"大国"，而许多立法者甚至来不及学会如何登录互联网，更来不及理解为什么对这些公司实施监管是他们的职责。在政府意识到数字公域存在之前，大型互联网公司所掌控的数字公域就已经达到了质变发生的临界点。我们现有的机构往往认识不到新技术会给世界带来的巨变，也认识不到监督这些变化也是他们的责任。

当下，许多立法者仍然从传统角度来思考政府在现代社会中的角色。征收税款、修建高速公路是政府的工作，没有人会提出质疑，但如果政府要对脸书实施审计，或者克隆出另一个脸书作公共设施用，此时有人可能会表示反对。许多立法者错误地认为专业技术不属于国家管辖范畴，所以他们构建的政府决策速度缓慢，且不善于调度或运营数百万人使用的技术服务。但在我们的世界里，技术是一切领域的核心，无论在经济、社会秩序还是国防领域均是如此，如果统治者或政府没有能力处理这些概念、运营这些服务，它们还有什么用呢？

我们必须要改变这种心态。如果政府没能积极实施有效监管，各公司将为自身利益而牺牲公共利益。我们不能像互联网早期的乌托邦主义者那样盲目相信创新自会带来启蒙。我们也不能指望任何一个微小的改变——如让人们导出个人数据或者点击"接受追踪本地数据"——就可以使我们从黑暗的数字时代跃至虚拟的天堂。

在元宇宙中对个体赋权并不像把所有数据打包成可以随身携带的行李箱那样简单。没错,我们应该让那些想要控制自己数据的人如愿以偿,但他们毕竟在用户群体中占少数。我们同样也应该认识到普通用户总在寻求便利、把技术视为工具、容易满足的特质。法律应当规定产品需公开技术细节,从理论上保证专业用户自由行使合法权利;还应允许大型商业产品的开源替代品出现。这将对专业用户组成的小型社区产生最为强烈的影响。非法侵入行为永远无法从根本上解决用户权利丧失的问题,因为业余黑客永远只占总体用户的一小部分。我们需要的是在元宇宙中建立起有效监管,保障所有用户,包括那些最容易满足的用户的权益。接下来,我将提出几点构建元宇宙监管框架的思路。

参考互联网发展史,元宇宙应该是这样诞生的:一群企业家创造出一些较小的虚拟世界或某种元宇宙平台,这些平台早期或许只能提供游戏式的体验,发展的野心也没有多大。其中的一两个虚拟世界会莫名变得极其受欢迎。例如,"大盗世界"和"大盗之国"是同类产品,二者区别不大,但前者的知名度可能比后者要高得多。就像 WhatsApp 一样,它在同类产品中并不突出,却意外走红了。

元宇宙早期,在某几个虚拟世界声名大噪,其用户群体增长到一定规模之后，这些世界的开发者将拓展用户功能，提供更多选择和机会。之后，这些世界将逐渐向元宇宙方向发展，为用户提供展示创意能力和创造价值的机会，用户将可以通过创造内容获得收入。这种过程不会以线性方式发生，复杂性会像以往一样涌现出来，我们虽可以大致预测元宇宙的发展方向，但却无法想象它能为人类社会带来哪些具体的变化。

我认为，在元宇宙发展的早期阶段，过度监管会适得其反。我们应当营造一个安全、宽松的监管环境，使早期阶段的公司和虚拟世界网络能够相对不受约束地运转，可以自由地进行实验、建立专属社区。不过在未来的某一时刻，其中最受欢迎的网络将开始进行扩张。它们的用户规模或全球日均交易量之大，使得这些虚拟世界不再是业余爱好者的虚拟沙盒游戏。之后，管理虚拟世界的组织将组建供个人和企业使用的大型数据库。此时，监管者应当划分出"成熟的虚拟世界"和"初创的虚拟世界"，按具体情况实施监管，我们也应当对某些虚拟世界已成为公共设施的事实表示认同。

一个平台如果达到了一定规模，其数字公域中很可能存在大量敏感信息。公域存储和保护着用户的数字身份；管理着交易信息和财政信息；保管着财富和宝贵资产。在大规模的网络中，政府必须对各种活动实行审查和监管。如果涉及个人身份等影响元宇宙安全和有效运转的信息，监管者就必须确保企业使用的系统具有互操作性，最低也要确保其他企业不会受到过多使用限制、支付过多使用成本。互操作性在创造机会的同时，降低了少数科技巨头包揽权力的概率。

经营虚拟世界的公司必定将从自身利益出发，做出一些影响用户的决策。虚拟世界需要不断增强自身吸引力，因此公司必将采取一些能够长期维持用户黏性的措施，这就是元宇宙所有产业的发展思路。公司将通过各种方法来操控用户行为，因此政府监管部门要确保这些方法不具有心理层面上的剥削性。在某一平台达到一定规模后，公司对用户的控制权力必须接受心理学、满足感等所有相关方面的正式审查。

监管机构必须限制平台提供商的权力，避免它们随意做出影响10亿人的决定。一种新药品的上市不能由某一医药企业决定，同样，如果某些行为修正算法将对大量用户产生影响，那么这些算法绝不能只交给某一平台提供商。监管机构必须是第一负责人，不能让鲁莽的运营商单方面决定调整算法，把许多人变得精神错乱。如果虚拟世界将成为心理健康的疗养所，那么政府有责任保证这里的服务不会使人们病得更重。

监管虚拟世界的经济活动将是一个同样重要但更为棘手的问题。毕竟，对虚拟世界中的虚拟公司和虚拟员工实施监管，比起对现实世界中的平台提供商实施监管要更加困难。起初，虚拟世界中或许没有正式的雇主—雇员关系，因为在元宇宙早期阶段执行严格的就业体系可能没什么意义。比如你在"克雷格列表"上买了一把椅子，没有必要非得签订一式三份的合同，也没有必要坚持通过第三方交易。这些交易之所以能够实现，就是因为它们不正式。

不过，随着虚拟世界的不断发展，人们开始从事虚拟职业、建立起虚拟业务，此时监管者将面临更为复杂的问题。如果你是"大盗世界"里的精英盗贼，每个月可收入 1 万美元，那么你的雇主到底是谁？是某家公司吗？游戏里的虚拟公司是否等同于现实世界里真正的公司？谁来支付医疗保险？如何对虚拟收入征税？谁拥有征税权？如果有这样一份工作：工作地是一个在英国建立的虚拟世界，其服务器在爱沙尼亚，员工本人身在美国，雇他的公司没有正式注册成立，公司创始人在韩国，工资以加密货币的形式支付，而加密货币本身不在任何一个地方但又无处不在，那么究竟有哪个国家能对这份工作进行监管？

现存法律体系不适用于这些新型经济模式。如果在元宇宙内强行实施现实法律体系，短期内或许可以粗略地解决问题，但从长期来看完全不可行。我们必须设计一个新的法律体系，明确区分劳动和义务两种概念，而且在我们意识到社会需要它才能维持运转之前，这个体系必须已经建成了。

想拿出合理解决方案，需要先建立一个立法小组。这个小组应当秉持着交换模式的精神，规定在元宇宙语境下雇用者和被雇用者的权利和责任。小组成员可从某些国际组织或非政府组织内选拔，若元宇宙处于未能获得政府认可的早期阶段，小组成员也可从行业中选拔。立法小组应充分吸取零工经济的惨痛教训，构建出元宇宙的就业规则体系。即使虚拟劳动者与现实世界的劳动者相比工作性质有所不同，他们的权益也应当得到保障；虚拟雇主不应只把雇员视为承包商，而应对他们负有一定责任。元宇宙内将会发生大量金融交易，形成一套独特的银行体制，因此我们需要建立适用于虚拟经济的监管系统，使虚拟工作和虚拟经济能与现实世界和谐相处，使虚拟空间中的税收、会计和簿记工作得到接纳与认可。

在过程中，严肃性和复杂性不应只流于表面，而要贯彻每一环节。此外，我们还会面临一些可能引发争议的问题：到底谁是元宇宙监管的最终责任人？虚拟社会的运转、观念和行为是否要由现实社会的管理者决定？虚拟社会是否应采取代议制民主体系？

虚拟社会不能为某一国所有，因此虚拟社会的管理体系只可能呈现两种模式。一种是我们可以建立类似"交换联盟"这种大型国际组织，从外部实施监督和治理。此类组织或许会在虚拟社会初期起到重要作用，但随着元宇宙的规模和复杂性不断发展，它将会表现出一定的局限性。我相信，每个虚拟世界最终都可以发展成为"国家"，实现自我管理。另一种是对现实世界与虚拟社会实施分别管理，允许企业采取类似国家的管理模式，形成许多拥有投票权的社区，业务同管理相分离，这些想法本身并没有错。目前，社会上也存在既寻求发展又遵守底线的公司，包括信托公司，或美国的"低利润有限责任公司"，这类公司不以掠夺财富为主要目标。我想说的是，人类已经创造出了一些既注重经济效益又注重社会效益的组织。在未来，管理元宇宙的过程将变得像管理政府一样复杂，但我相信，人类终将建立一个类似于民族国家的元宇宙管理结构。

我们早已对互联网剥夺用户权利的现象司空见惯，因此元宇宙绝不能走互联网的老路，必须保证每个人在虚拟空间里均可自由地做出决定。为此，我们需要围绕民主选举、民主投票、民主问责等原则建立透明且合理的管理体系。变革必将到来，虚拟世界也必将从现实世界分离出来，变成一个个虚拟的"国度"。这时，现实世界再也无法控制虚拟世界，对许多人来说，虚拟世界的真实性将与现实世界相等同。这将是物种形成基群丛（speciation）的第一步。

第 九 章

物种形成

在童年时期，父母曾给我讲过柏拉图的洞穴之喻。在柏拉图的故事里，有一群人一生都被锁在洞穴里，每天只能盯着一面墙，墙上不时会出现黑影。对于这些不幸的人来说，黑影和洞穴就是全部的现实。他们没见过外面的世界，不知道那些黑影只是事物的投影。这方小小的空间就是一切，但这并没有让他们感到痛苦。

　　但在某一时刻，有个人被带到了地表，看到了更广阔的世界。他起初感到无比眩晕，认为这个世界里危机四伏，会对自己的健康和幸福产生重大威胁，于是想要赶紧回到洞穴里，但在适应了光线之后，他很快意识到旧时的生活究竟有多么狭隘。被锁在洞穴里的时候，他曾认为外面的世界和洞穴没有什么不同，也是由墙壁和黑影组成的。事实证明，外部世界并不是他已有经验的延伸，而是对他旧有体验的拓展。

　　在某种程度上，洞穴之喻也代表了元宇宙的前景。我们如果在不远的将来回看 2022 年，会觉得这时的生活好似被锁在洞穴里一般，人们只能盯着摇曳的影子，对生活的局限性浑然不知。我在本书中多次提到，虚拟世界及元宇宙不是人类目前已有经验的延伸，它们将带来我们现在无法想象、不可企及的崭新体验。

人类是自身经历和体验的产物。随着体验的机会变多，人类的定义也将得到拓展。回想孩提时代，在学习数学、语言或逻辑之前，在获得任何生活经验之前，你会感觉时间极其漫长，外界的所有微小刺激都可能会引发你极端而长期的反应。还记得在超市里，你想买巧克力结果遭到拒绝时有多伤心欲绝吗？认知和感知的局限性限制了你的世界，放大了经历的重要性。对小时候的你来说，那块巧克力之所以重要，是因为糖果代表了你所有的快乐。在那个阶段，你不只是缺乏对世界的了解，还缺乏某种你如今已经习以为常的能力。那时的你，并不是一个完整的你。

成长是一个全面发展的过程。婴儿并不是"小成人"，他们的脑海中缺乏一些核心概念，如物品持久程度和思维理论等。他们之所以喜欢玩捉迷藏，是因为他们如果看不到你的脸，就不知道你去了哪里。著名的"胭脂实验"[1]表明，大多数新生婴儿需要经过近两年时间才能在镜子里认出自己。随着一个人不断成长，身体和思想逐渐成熟，对满足感的定义逐渐扩大，这个人所认知的世界也在逐渐拓宽。成人的过程就是不断丰富内在和外在的过程，而元宇宙形成的关键也是如此。

---

1 又称"镜子实验"，用于确定婴儿形成自我意识的年龄。实验时，给婴儿的鼻子点上红点，把他们放在镜子前，观察他们的反应。——译者注

有多少人当过真正的英雄？有多少人曾驶入未知的水域，踏上颠覆日常的冒险之旅？有多少人可以像换鞋一样随时切换身份？有多少人能同时生活在不同年代之中？未来某天，这些体验会变得随处可见。虚拟社会时刻充斥着满足感体验和变革性思想，人生有无限可能，与之相比，我们现在的生活将显得简陋而有限。我们马上就要离开洞穴，走向广阔世界。

问题在于，一旦我们离开，就再也回不去了。囿于洞穴生活的人或许会认为自己活得很舒适、很充实，但对于见证过广阔世界的人来说，在洞穴里生活与上刑无异。在这个故事中，走出洞穴的人不仅拓宽了自己对外部世界的认知，更拓宽了自己的内心世界，增强了理解、审视和感知事物的能力。走向世界的行为使他的心境发生了翻天覆地的变化，他再也无法满足于被困住的生活。

不过，当身体和思想打破限制后，会发生什么？此时，我想请你走出本书所讨论的元宇宙范围，忘记那些通过屏幕、设备甚至是 VR 头盔进入的虚拟世界，想象一个与思维直接相连的世界。这个世界可以超越肉眼的生理限制，直接向视皮质注入人类未曾见过、无法想象的生动体验，你可以看到我们当下根本不可能看到的东西。

本书前言曾提到，在未来，人类完全可以使思维超脱肉体限制。我们知道，大脑能够处理信息，理论上来说，这一过程可以连接到机器上。目前已经出现了较为粗糙的脑机接口。随着科学家和工程师不断完善这项技术，人类将进入一个新时代，不仅可以获得全新的体验，还会进化成许多物种，达到人机共生的状态，追求最大限度的满足感。历史上，肉身一直是人类发展的限制因素，而未来，我们会走出洞穴，活出一个更好的自己。

一场变革从来不缺反对者。在洞穴之喻中，柏拉图说想要留下的人会杀死想让他们离开洞穴的人。他们憎恨更广阔的世界，认为它比锁链和黑影的生活更加糟糕。但实际上，他们只是害怕外面的世界会改变旧有的生活轨迹，害怕洞穴外的东西可能比挂着锁链、盯着黑影的生活更可怕。有很多人总是不愿抛弃成见，总是不愿相信未知会比已知更好。

我曾多次提到，流行文化经常通过虚构故事警示读者思维脱离肉体的危害，经常用"危险性"和"破坏性"来形容虚拟世界。为什么对数字化未来持积极态度的故事这么少？这种恐惧究竟从何而来？

我认为，他们之所以感到恐惧，是因为担心内在转变可能引发人性丧失，但我觉得这种忧虑跟成长的烦恼没有什么不同。我们在长大之后，有时会怀念童年的单纯，但大多不会想把自己的心智送回婴儿时期。没有人会因为不再喜欢玩捉迷藏而觉得现在的自己缺乏人性。获得新能力不只是一件对我们有益的事情，更是个人及社会进化的需求。人类要想繁荣发展，就必须克服对改变的恐惧，阔步迈向新领域。

▶ 外部空间及内在体验

人类在持续探索新体验的过程中，总是对太空探索及太空殖民抱有浓厚兴趣。我们可以把此类憧憬归结于人类不断发展的欲望；也可以归结于《星球大战》《星际迷航》等太空主题作品持续流行的影响。几个世纪以来，内容创造者和未来主义者做出了许多展望，他们认为好奇心和聪明才智将带领人类深入太空去往其他星球。

太空探索事业不但值得我们为之努力，也许还符合人类长期的生存需求。但是，我们若把提高生活质量、获得幸福感与满足感、丰富社会内容当作首要目标，那么外太空并不是人类最应该到达的目的地。事实上，太空旅行的初期体验没那么有趣。虽然在漆黑而晴朗的夜晚可以观察到繁星，但宇宙其实十分空旷，各种天体的位置很分散，到达任何地点都需要很长时间。人类如果真的在其他星球定居，那么一开始的生活将极为惨淡。像历史早期的人类一样，他们也会寻求宗教的安慰、信仰永恒的天堂，以抵消邻居常被狼吃掉的痛苦。要想获得满足感，这些太空旅行者说不定还会进入元宇宙！

从实用角度来看，太空旅行或许能给人类带来更多生存资源。未来学家罗伯特·J.布拉德伯里（Robert J. Bradbury）曾表示，人类探索太空最好的理由就是采集恒星能源，用以驱动一台拥有极强模拟技术的巨型计算机——"套娃"超级计算机（Matrioshka brain）。

深入宇宙只为促进在地球内的探索，这一想法看似荒谬，但展现的是一种共生的诗意：外部宇宙是打开思维新疆域的钥匙。

表面上，太空旅行、火星殖民好像比遨游计算机模拟场景要惊险刺激一些。但我认为，在一个受到自然和物理规律约束的宇宙中进行探索，与在一个受到算法约束的模拟宇宙中进行探索，二者之间没有实质性区别。在虚拟宇宙中，"黑客帝国"式探索常被刻画为脱离现实的行为，但其实我们也可以通过模拟技术来探索现实世界。只要掌握了规则，在现实宇宙中发生的事情几乎都可以被模拟出来。此外，模拟宇宙还可以对运行规则进行调整，为我们提供在现实宇宙不存在的体验。

先进的计算机程序可以逼真地模拟现实世界的各个方面，而想要模拟全部现实，我们不需要再发展物理学，只需要发展计算能力即可。我们也知道，虚拟体验可以给人们带来与现实体验相同甚至更多的满足感。还记得第二章的例子吗？许多卡车司机在工作之余竟会用卡车模拟游戏来放松心情。如果我们用计算机代码创造的宇宙和孕育我们的宇宙同样逼真、具有相同的意义，如果模拟宇宙和现实宇宙都可以满足我们的需求，那么二者是否还有差异？

对于把人类生活的重心从现实宇宙转移到模拟宇宙的观点，有些人会从哲学方面提出些空泛的反对意见。但他们要想表示反对，首先必须找出模拟宇宙与现实宇宙的差别，而我敢打赌，在不远的未来，他们可能根本无法做到这一点。人类如果达到了我在上文设想的那种技术水平，那就完全可以用数字图形渲染出与现实相差无几的虚拟世界。当你把大脑连到计算机上，如果你在虚拟世界里撞到脚趾，计算机会刺激你大脑中的疼痛受体，让你感受到与现实相同的疼痛。当我们可以获得等价体验之时，当"现实"与"虚拟"之间的差异不复存在之时，是否处于模拟环境这一点还重要吗？

科幻作品里有一些极为逼真的计算机模拟场景，它们带给人的冲击感和满足感甚至超过了现实世界。电视剧《星际迷航：下一代》描述了这样一个未来：在现实宇宙中，无数智慧生命在无数星球上栖息繁衍。然而，舰长皮卡德和舰员们依然想进入"全息甲板"，进行各种现实无法实现的冒险。即便是太空旅行已成为常见现象的《星际迷航》，都拥有比现实世界更强大、更广阔的虚拟世界。不过在剧中，"全息甲板"有时仍被视为一种"柏拉图洞穴"。为防止沉迷，舰员们不能在那里待太长时间。正因为它可以逼真地模拟任何现实的场景、体验和时代，所以人们才把它当成是对现实的潜在威胁。但在我看来，"全息甲板"是现实宇宙的新疆域，与"企业号"探索过的星球一样合理合法。

一个是实现殖民宇宙的梦想；另一个是实现人类几千年来用思维构建的丰富且细致的内在空间，为什么前者比后者看上去更为"合理合法"？讲述未来的故事是何种模样，人类就会以何种目光看待未来。这些故事若把人类发展视作一场线性的棋局，一个虽然无法预测具体步骤但所有步骤都在理解范围之内的过程，就会形成不准确的叙事。而实际上，人类发展是一个从下棋变成玩其他游戏的过程。"太空旅行是人类未来发展方向"的论调很大程度上来自那些根据以往历史做出的推断——"航海时代的下一步就应该是太空时代"。但是，我们要想真正理解未来发展趋势，就不能仅参考已有的经验。

科学家和未来学家认为人类应该积极探索宇宙，这并没有错。我们当然应该进入太空，也当然应该探索其他星球。但我们也应该接受这种可能性：最有趣的星球是人类想象出来的星球。本书用一个预测来开场，现在将用一个预测来收尾：人类的未来不只在于告别地球、走向太空，还在于摆脱"现实世界"、向内扩展、开发无数奇异且有趣的虚拟世界。如果计算机和人工智能可以模拟全部现实，如果模拟现实在理论上要比自然现实更加真实，那么为了个体与社会的发展，我们应该尽力发展这些数字领域。

在 20 世纪 20 年代早期，有人问英国探险家乔治·马洛里（George Mallory）为什么要攀登珠穆朗玛峰，他简短地回答道："因为它就在那里。"未来我们进入虚拟现实，把大脑连接到计算机上的时候，也需要这样的勇气。合力实施宏大项目，获得最佳生存体验——这不是人类的某种选择，而是人类的全部意义。

▶ 后人类时代

历史上有很多人曾想象过人机共生的未来时代，但即便是这些伟大的思想家也无法预测到数字技术在今天的应用。1837 年，查尔斯·巴贝奇（Charles Babbage）提出了第一台可编程的机械计算机——"分析机"（Analytical Engine）的设计思路。此时，他根本不会想到它之后将催生出电子游戏和互联网，更不用说还要把人脑连接到数字机器了。涌现复杂性将为人类出于某种目的制造的工具带来崭新而奇妙的发展。

"后人类时代"指的是人类把身体与计算机相连接，让大脑完全进入虚拟环境的未来时代。乍一听，或许有人会感到错乱，但我认为，这种错乱感是受到许多科幻作品影响的结果。我之所以要写这本书，一部分原因在于我认为我们对未来的展望过于局限，未能预测到人类社会实际的发展方向，也未能预测出人类这一物种未来的变化。社会普遍不了解计算机模拟技术的潜能，那些梦想家和展望者们往往也不知道思维宇宙的可能性。

人机共生的未来并不可怕。恰恰相反，它或许是人类可以实现的最美好的未来。后人类时代将拥有无限机遇，人类的幸福感、智慧水平和内在发展都将达到今天无法想象的水平。此外，数字社会以袖珍和可持续为特点，因此后人类时代具有相应的生态价值。理论上来说，模拟人类思维所需的能源要远远少于现实世界中人类生存所需的能源。如果我们充分利用"俄罗斯套娃脑"，制造出大型计算机，那么既能节约能源，又能让数十亿人过上奢华的模拟生活。

也许这种景象会让你想到《黑客帝国》，或者那些描写人类被集中放置在培养舱里、大脑与计算机连接却对自身处境一无所知的电影。但我认为，上述场景之所以具有反乌托邦性质，不是因为数十亿人类生活在赛博空间里，而是因为机器人背叛了人类，把人类都禁锢在一个由它们操控的模拟系统里面。我相信，为追求满足感，未来有许多人将主动把自己的大脑连接到模拟机器上。为什么这是一件坏事呢？

现代社会不鼓励人们寻求满足感。人类早已走出"肮脏、野蛮、短暂"的生活，但我们仍然会认为追寻满足感的人"放纵、软弱、易被误导"。此类观念是社会规训的结果；社会总在告诉我们，劳作即是目的、被剥削即是美德。工业时代的经济发展需求迫使无数劳动者日夜艰苦地劳作，让生产商品和财富的工厂日夜不停地运转。这种规训曾在一段时间内提高了百姓的生活水平。在当时，生产等同于发展，创造了富足的生活。但我们不能无止境地消耗资源，也不能把社会建立在"有多少东西就有多少满足感"的幻想之上。小孩会逐渐长大，会失去对巧克力的渴望，为了社会的发展，人类也必须追求更崇高的目标与质量更高的养分。

请不要把满足感和纯粹的闲适混为一谈，我们并不是要完全摒弃冲突、物质和得失的概念。在一个满足感极值的世界里，戏剧冲突的频率远胜过我们现在的世界。快乐、悲伤、恐惧、兴奋，元宇宙会放大所有感觉。所有行为均会产生某种结果，包括体育、文化、爱情、损失、战争、抗议、宗教仪式等现实活动和其他元宇宙新兴活动。满足感的概念中并不只包含快乐，还包含各种意义，元宇宙将为人类的各种意义打造全新疆域。

　　但是，虚拟社会时代不只能提供崭新的满足感体验，还将形成人类存在的新维度：若不借助元宇宙，我们作为一个物种永远也无法体验到的存在维度；代表着人类智慧程度更进一步的存在维度。

　　未来，每个虚拟世界的时间流速均有不同，在某些世界里，一百年的生活和体验可以浓缩在现实世界的一个小时之内。在某些世界里，人们可以变成大鹅，或者哥特式教堂顶部的滴水嘴兽。当生命体验被扩展到极限，人类将以各种方式生活和发展。我们可以逆向衰老，可以自由飞翔，也可以附身加拉帕戈斯象龟然后快进时间，在早餐到午餐的几个小时内经历它的一生。技术发展到一定水平，就可以模拟无数的奇幻体验，带来满足感，也赋予人类全新的存在方式。

　　虚拟世界将模拟现实不存在的事物，给予我们新想法、新观念，让我们在它的基础之上构建独一无二的社会模式。我们可以生活在各种拥有不同地理环境、物理规则、时间规律的现实之中。例如，一个模拟达利（Dalí）画作的虚拟世界可能是由扭曲图形组成的抽象平面，其中的生活根据超现实主义逻辑展开。想象一下，你可以借助先进科技进入"达利世界"，变成"球体的卡拉蒂"（Galatea of the Spheres）。在迷幻的"达利世界"里，你能获得首屈一指的满足感和感官体验，形成对颜色、形状和维度的全新认知，或许还能创造出具有变革性的伟大作品。

　　在元宇宙时代，社会将鼓励成员为彼此提供满足感和新点子，开发自我能力、改善生活质量。一个可以培养出不同想法、不同人群的社会，是一个健康、公正、强大的社会。社会成员能从各种观念、社会背景、目标、身份中汲取力量。在一个所有人都可以自我决定的世界里，创造力、洞察力和生产力将不断涌现。随着模拟空间持续拓宽现实范围，整个社会将拥有越来越大的发展潜力。

随着我们在这条路上越走越远，社会整体的模式将发生巨变。如果你把越来越多的时间花在一个虚拟世界里，那么你将和生活在其他虚拟世界的人们失去共同语言。例如，你暂时离开自己的虚拟世界，回到了"现实世界"，想叫上一位朋友出去玩。这位朋友是一名生活在"古典世界"的"古雅典人"。你们是否会有共同点和共同语言？在过去的一个小时里，你是一个没有身体的头颅，在"达利世界"里度过了 10 年，而你的朋友却身穿长袍行走在雅典卫城。你会对他说些什么呢？你们也许可以在酒桌上分享生活中的精彩故事，但由于差异过于巨大，你可能完全听不懂对方在讲些什么。

未来，如果技术可以使人们在虚拟世界里获得与现实世界相同或者超过现实世界的沉浸感和满足感，那么人类社会将在语言、环境、时间和现实等方面逐渐分裂开来。这种碎片化无法被定性，无论我们觉得它是好还是坏，它也只是一种必将发生的现象。虚拟时代是一个包含了许多虚拟社会的时代，每个社会的规则、后果、奖励系统和优先事项都由自己决定。人类社会将分裂成几百个按照自身独特规律运转的世界。我们终将走出现实世界的洞穴，步入元宇宙的光明。那该是怎样的一幅光景？

▶ 人类体验的碎片化

在这本书里，我曾大篇幅探讨现实世界，把它与过去、现在和未来的各类虚拟世界进行比较。其中一个主要论点是，虚拟世界将创造出可转移到地球的全新价值和全新意义，其目的是改善而非取代现实世界。这些价值包括心理价值、社会价值和经济价值，能够凝聚社会成员，带来更为丰富和满足的体验。我之所以强调这一点，是为了反驳一种常见的论调——虚拟世界的崛起将以某种方式损害或破坏现实世界。下面我将就此展开详细阐述。

我把"虚拟世界"与"现实世界"进行区分，在某种程度上是错误的。随着时间推移、元宇宙走向成熟，这种区分将完全失去意义。如果我们在理论上认同模拟宇宙可以做到与现实宇宙别无二致，那么我们也必须要接受的是，到那时，我们根本没有必要严格划分"现实"和"虚拟"。所有虚拟宇宙均可被调节至最逼真的状态，我们能在其中进行自由探索。如果有许多虚拟宇宙同时存在，那么统一的社会环境将开始土崩瓦解，人类将进入一个支离破碎的未来。

现实世界为何现实？思想创造了现实，社会环境又巩固了这些现实。至少与虚拟世界相比，现实世界具有独特的重要性，这是因为我们能对"现实"产生大致认同，我们的大脑能用类似的方式去处理和体验某些"现实"的输入。

无论来自哪种文化背景或社会背景，地球上所有人类都理解如下物理概念：季节变化、月相变化、年龄与时间的线性发展、地心引力等。人与人的关系、人与地球的关系都建立在这些共通概念的基础之上。你去外地旅行，重力和时间规律也依然保持不变。现实之所以是现实，是因为它以同样的方式对待每个人。我们与祖先们说着同一种语言，是因为我们与他们的大脑本质上没有多大差异。

和物理概念一样，地球上大多数人也都理解如下社会概念：土地、财富、家庭、健康、阶级跃迁、文化产品制造方法等。不同人的优先级排序可能会有所不同，但总的来说，人们都能认同这些事物的重要性。无论你是谁、来自哪里，我们都受到相同物理规则的约束，珍视的东西大体上相同。而一旦元宇宙走向成熟，这些共通概念就会开始崩塌。

到现在为止，我希望你已能够理解我对元宇宙的基本定义：一个可以连接各种世界、在世界间进行价值转移的意义网络。我已在本书中提供了一些帮助你理解元宇宙的思维工具与参考性观点，包括元宇宙是什么意思，它为什么重要，我们想构建一个对人类发展有益的元宇宙可以采取哪些举措。但我想请你进一步思考，想象一个远离"现实世界"语境的元宇宙。我相信，元宇宙是我们生产出海量丰富体验的第一步，是迈向后人类时代、迈向无数拥有无限可能的社会的第一步，也是物种形成的第一步。

元宇宙是以前就有的概念，只是因技术发展又走到了台前，但是，它能引发一场我们的祖先永远都无法理解的时代巨变。这些巨变大致可以被归纳为物种形成和超人类主义（transhumanism）两类概念。物种形成是指进化过程中新物种出现的现象；而超人类主义，按照我的理解，它主张的是未来人生具有无限可能，人们将走上截然不同的道路，反对描绘一种放之四海而皆准的未来。

元宇宙是一块棱镜，人类共同的现实一旦遇到元宇宙，就会被折射成无数朝着不同方向前进的光束。我们若真能构建出理想化的元宇宙，根据逻辑推断，人类共同的现实和人类共同关注的议题未来将不复存在。"碎片化"一词在许多语境下都含有贬义。提到"体验的碎片化"，人们通常会想到贫富差异和阶级差异，即富人与穷人、有钱的人与没有钱的人、前途光明的人与前途灰暗的人。在H. G. 威尔斯（H. G. Wells）的《时间机器》（*The Time Machine*）里，原本生活在维多利亚时代的主人公经过时间旅行来到了802701年。此时，人类被分为两个种族：莫洛克和埃洛伊。前者过着黑暗的地下生活，后者则悠闲地生活在地面。莫洛克人邪恶且丑陋，代表了威尔斯所处年代的工人阶级，他们的劳动支撑了埃洛伊人闲适且散漫的生活。

在未来，数字鸿沟和体验碎片化将如何扩大现有社会差距、创造新的社会差距，是值得考虑的一点。如果虚拟世界和元宇宙会加剧不平等现象，那么它们对人类来说就不是一件好事，而在本书里，我想我已经提供了一些可以避免上述负面结果的措施。但当代心理学仍具有局限性，无法用于预测未来。威尔斯通过故事影射了他那个年代的阶级划分，而不是在实际预测80万年后的人类生活。我们在畅想未来之时，常会把当下的社会议题投射到未来，但未来与现在是截然不同的。"富人"和"穷人"的概念源自共通的稀缺性和现实背景，而元宇宙形成后，这些概念将统统变得不再重要。

在虚拟世界中，事物的价值源于共同认知。由于元宇宙的参与者重视的事物不同，因此对事物的价值做比较就很困难。如果元宇宙里有一千个虚拟世界，每个世界的价值观念都不一样，而我们又能在所有世界里生活、工作、开展人际交往、获得有意义的体验，那么"富人"和"穷人"这两个词语所彰显的价值观念就会自动瓦解。随着价值和价值观念的碎片化，从共同生活经历衍生的共同现实将分崩离析。现实的分裂是物种形成的一种方式。

从生理层面来看，现代人与中世纪人并没有本质区别。前者可能更高、更健康、更长寿，但特征与后者是相似的。如果某天时间发生了扭曲，现代人和中世纪人得以相见，那么他们都能认出对方也是人类，但所有的共同点也仅限于此。

一个中世纪的农民被莫名其妙地传送到了曼哈顿的全食超市里，会发生什么？我们可以想象他对超市里的景象、气味和丰富事物的反应；想象他遇见各类消费者、超市员工，听到不同语言时的反应。"离开舒适圈"是现代娱乐作品中常见的主题之一，在电影《沉睡野人》（*Encino Man*）里，来自中世纪的布兰登·费舍（Brendan Fraser）刚开始看上去像个原始人，后来他洗了个澡，买了条牛仔裤，还和年轻漂亮的收银员坠入了爱河。但如果时空倒错真实存在，事情根本不会像虚构作品里那样发展。极端的认知失调不可能通过简单方法解决。

在现代场景下，弗雷泽只需短暂一瞥，就能看见他在中世纪一辈子也见不到的财富和物品，但他的认知失调不仅来源于此，更来源于现代生活的"丰富性"（moreness）。对他来说，全食超市不仅代表着品类丰富的肉类、鱼类、罐头和蔬菜，还代表着完全陌生的体验、身份和观念。弗雷泽却对我们司空见惯的社会现实一无所知。

幸福感与此无关。弗雷泽不能在全食超市里购物，并不意味着他的生活体验不如现代人的生活体验充实。结果是好是坏也与此无关。把全食超市的消费者定义为富人，而把中世纪人定义为穷人，这也没有任何意义。我想说的是，现代生活的复杂性与中世纪生活的复杂性完全不同。在生物学意义上，中世纪的人类与我们大同小异；但他们的精神世界更为贫瘠，因为他们受到的物理限制比我们要大得多。现在的人同情中世纪民众的生活，以后的人自然也会同情我们现在的生活。

随着元宇宙时代的到来，共同现实逐渐破裂，人类将朝着不同的方向发展。在未来，每个人都可以生活在自己选择的现实中、遵循自己认同的规则，我们不能指望以往的共同现实还能把人类团结起来。不同人群、不同种族总是因各种矛盾大动干戈，而元宇宙会令这些矛盾更为尖锐，导致更多冲突产生。但我认为，"物种形成"的过程对人类来说有不少好处。如果未来的生活变得很充实，那么我们或许会非常愿意与他人进行沟通。到那时，人类的贪欲或许也会大大减少。

虽然社会现实将迎来碎片化，但我相信，元宇宙社会要比今天的社会更为强大。超人类主义认为，在观念世界里获得的满足感与在现实世界获得的满足感同样甚至更加重要；人类要想延长有质量的寿命，不需要一味坚持发展已有的社会现实，完全可以直接抽身，转而创造新的现实。重要性远比真实性更值得我们关注。当我们从这一点出发，许多表面问题就会不攻自破。

有些专家之所以对元宇宙的未来倍感担忧，是因为他们把元宇宙看作另一个共同现实，没能预见到元宇宙将包含无数碎片化现实。元宇宙如何处理不平等问题？元宇宙是否能对孩子们造成积极影响？如何在元宇宙里抵御网络犯罪？这些问题在短时间内是有意义的，但它们的错误在于把所有行为主体都归为了"我们"——一个不可分割的人类共同体。

在未来的元宇宙时代，人类将面临一系列与今天完全不同的实际问题和伦理问题。因此，我们至少要从现在开始提出这些问题。两个人之间的背景差异越大，自上而下对他们实施管理和监督的可能性就越小。管理将重点侧重生态维护，不会再有一个"我们"把各类人群团结起来。人类将进化成许多完全不同的新物种，组成许多完全不同的社会。我们今天在构建元宇宙，在为其短期和长期影响做准备的时候，必须要考虑到这一点。

但对于投资者、监管者、创造者以及所有想在元宇宙内寻求发展空间的人来说，物种形成是一种挑战。公共管理将失去共同的前提。假设元宇宙里有一百万人，都居住在不同的虚拟世界里，这时如果有人提出要让这一百万人共同选举一个总理，就会显得极其可笑。这位总理的权力由谁授予？他代表的到底是谁？

我们不能只把元宇宙当成是互联网的下一个阶段，更不能抱着这样的想法去建设元宇宙。我们应当坚信，元宇宙将完全改变人类这一物种。我们创造和实施的治理结构必须具有前瞻性，要为一个拥有无数"现实世界"的时代量身定做。我们也要意识到，未来的无数个虚拟世界不可能会处于某个"现实世界"的统领之下。

我不惧怕这样的未来，你也应当如此。我相信，元宇宙将大幅改善人类生活，使物理世界变得更加美好。在这里，我们可以自由行动、尽情学习、成为更好的自己、体验更多的事物。纵观历史，为增强自身能力、丰富自身感受、获取知识和归属感，人类一直在追寻虚拟世界。征途的终点即是虚拟社会时代。到那时，我们将成为更完整的"人"。

在以太空旅行为主题的流行科幻作品中，未来的人类总是与其他物种共存：他们一起工作、一起生活、互为伴侣。从这些方面来看，这些"外太空未来学家们"说得倒是没错。据说在 1950 年，物理学家恩利克·费米（Enrico Fermi）和同事们探讨过外星生命和星际旅行。费米曾发出感叹："所以他们究竟在哪里？"如果高级外星生命真的存在，那他们身在何处？我们为什么还没有遇到他们？

这个问题被称为费米悖论（Fermi Paradox）。我大胆猜测，费米所说的外星人其实就是未来地球上的人类。他们在不同的现实中过着不同的生活，进化成不同的模样。我想对恩利克·费米说：我们就是外星人。

致谢

本书的出版离不开各位同事、朋友的支持。我向那些在定稿前对本书提出许多实用性建议的朋友们致以谢意。在此，我要由衷感谢"英礴"公司早期成员：罗布·怀特黑德、彼得·利普卡（Peter Lipka）、保罗·托马斯（Paul Thomas）、季马·基斯洛夫（Dima Kislov）、吉姆·唐（Jim Tang），与你们一同开启的旅程激发了我的创作灵感。还有许多人为本书知识体系做出了贡献，我将冒着得罪其他人的巨大风险特别提到几个人。卡勒姆·劳森（Callum Lawson）和萨姆·斯奈德（Sam Snyder）帮助我了解到虚拟世界的各种可能性，这些知识在书中均有体现。关于自我决定理论，我在与约翰·华西尔兹克（John Wasilczyk）、亚林·弗林（Aaryn Flynn）进行多次探讨后，才最终把它确定为本书的基础理论之一。本书由企鹅兰登出版社（Penguin Random House）旗下"皇冠"（Crown）品牌出版，在整个出版过程中，保罗·惠特拉奇（Paul Whitlatch）独具慧眼，保持着超乎寻常的镇定；凯蒂·贝里（Katie Berry）把原稿打磨得更为流畅；劳伦斯·克劳泽（Lawrence Krauser）对本书初稿做出了重要修改；还要感谢"皇冠"品牌团队其他成员，包括洛伦·诺维卡（Loren Noveck）、斯泰茜·斯坦（Stacey Stein）、戴安娜·梅西纳（Dyana Messina）、梅森·恩格（Mason Eng）、朱莉·开普勒（Julie Cepler）、安斯利·罗斯纳（Annsley Rosner）、吉莉恩·布莱克（Gillian Blake）和大卫·德雷克（David Drake），能与你们共事令我感到荣幸。最后，我要特别感谢贾斯廷·彼得斯（Justin Peters），在他的协助下本书的构思才得以实现；玛丽娜·西蒙（Marina Simon），如果没有她的帮助，我不可能做到一边经营公司一边开展写作；还有劳里·埃兰姆（Laurie Erlam）、迈克·哈维（Mike Harvey）和丹尼尔·奥查德（Daniel Orchard），是他们的鼓励才使我下定决心努力完成本书的编写。

参考文献 REFERENCE

我在《虚拟社会》正文中标注了大部分参考文献的来源，正文未体现的参考文献我将补充在此处。以下是我在研究和写作过程中找到的比较有价值的阅读材料。有些对本书论点提供了支撑，有些则对本书论点提出了挑战，从而迫使我不断完善自己所写内容。但下列所有文献都值得我们花时间阅读。

在第一章"古代的元宇宙"中，为了解人类构建的意义世界以及虚构故事演变为虚拟世界的具体过程，我查阅了比较神话学和人类学的相关资料。正文已经提到，Émile Durkheim、Pierre Janet、Claude Lévi-Strauss、Bronisław Malinowski 和 Victor Turner 的作品；J. F. Bierlein 研究人类历史上平行神话的作品 *Parallel Myths* (New York: Ballantine Books, 1994) 都很有参考价值。此外，一般来说我们都应该读一读 Hannah Arendt。如果你感兴趣的话，还可以继续阅读如下作品：

- Joseph Campbell, *The Hero with a Thousand Faces* (New York: Pantheon, 1949)

- Julien d'Huy, "The Evolution of Myths" (*Scientific American*, November 2016)

- Émile Durkheim, *The Elementary Forms of the Religious Life* (New York: Free Press, 1995, originally published in 1912)

- David Gelernter, *Mirror Worlds* (New York: Oxford University Press, 1991)

- David Graeber and David Wengrow, *The Dawn of Everything* (London: Allen Lane, 2021)

- Yuval Noah Harari, *Sapiens* (New York: Random House, 2014)

- Robert Lebling, *Legends of the Fire Spirts*: *Jinn and Genies from Arabia to Zanzibar* (Berkeley, CA: Counterpoint, 2010)

- Claude Lévi-Strauss, *The Raw and the Cooked* (New York: Harper Torchbooks, 1964)

第二章"工作、玩乐，以及自由时间的意义"受到了 David Graeber 的 *Bullshit Jobs* (New York: Simon & Schuster, 2018)、Daniel Markovits 的 *The Meritocracy Trap* (New York: Penguin, 2019) 以及关于工业时代劳动和休闲演变的各种学术论文的影响，包括 Steven Gelbe 的论文 "A Job You Can't Lose: Work and Hobbies in the Great Depression" (*Journal of Social History*, Summer 1991)，Peter Burke

的论文 "The Invention of Leisure in Early Modern Europe" (*Past & Present*, February 1995)，以及 E. A. Wrigley 的论文 "The Process of Modernization and the Industrial Revolution in England" (*Journal of Interdisciplinary History*, Autumn 1972)。Noam Chomsky 在 1959 年所写的论文 "A Review of B. F. Skinner's *Verbal Behavior*" (*Language* vol. 35, no. 1, 1959) 帮助我了解到行为主义、从行为主义角度去理解世界。Edward Deci 的 *Intrinsic Motivation* (New York: Springer, 1975) 本身就很值得阅读，此外，它也是自我决定理论的早期版本，此后 Deci 和 Richard Ryan 后来对理论进行了完善，因此我们把它用作参考也很有价值。延伸阅读：

- David Graeber, "On the Phenomenon of Bullshit Jobs: A Work Rant" (*New Poetics of Labor*, August 2013)

- Abraham Maslow, *Motivation and Personality* (New York: Harper & Brothers, 1954)

- Domènec Melé, "Understanding Humanistic Management" (*Humanistic Management Journal* vol. 1, 2016)

- Bertrand Russell, "In Praise of Idleness" (*Harper's*, October 1932)

- James Suzman, *Work*: *A History of How We Spend Our Time* (London: Bloomsbury, 2020)

- Frederick Taylor, *The Principles of Scientific Management* (New York: Harper, 1911)

第三章"用更好的体验，创造更好的生活"很大程度上归功于研究自我决定理论的心理学家 Edward Deci、Richard Ryan 以及他们的开创性作品 *Intrinsic Motivation and Self-Determination in Human Behavior* (New York: Plenum, 1985)。Beverley Fehr 的 *Friendship Processes* (New York: Sage, 1995) 研究了人们形成和维持朋友关系的模式，为我提供了清晰的见解。为理解人类生活如何且为何围绕着体验展开，我阅读了"大陆游学"的历史，阅读体验很不错；还有 Goethe 的 *Italian Journey*，不仅有用还很有趣。延伸阅读：

- Joseph Campbell, *The Hero with a Thousand Faces* (New York: Pantheon, 1949)

- Gavin Mueller, *Breaking Things at Work*: *The Luddites Are Right About Why You Hate Your Job* (New York: Verso, 2021)

- Richard Ryan and Scott Rigby, *Glued to Games*: *How Video Games Draw Us In and Hold Us Spellbound* (New York: ABCCLIO, 2011)

- Richard Ryan, Scott Rigby, and Andrew Przybylski, "The Motivational Pull of Video Games: A Self-Determination Theory Approach" (*Motivation and Emotion* vol. 30, 2006)

- Ben Wilson, *Empire of the Deep*: *The Rise and Fall of the British Navy* (London: Weidenfeld & Nicolson, 2013)

第四章"虚拟世界的复杂性框架"研究了历史上的虚构作品如何影响大众对虚拟世界的认知。我强烈推荐 Neal Stephenson 和 William Gibson 的作品。Ernest Cline 的 *Ready Player One* (New York: Crown, 2011) 也是一本值得阅读的好书。Chip Morningstar 和 F. Randall Farmer 的论文 "The Lessons of Lucasfilm's Habitat" (*Virtual Worlds Research*, July 2008) 写得很不错。要想了解《星战前夜》游戏世界里的历史,可以看看 Andrew Groen 的作品。延伸阅读:

- William Gibson, "Burning Chrome" (*Omni*, July 1982)
- David Karpf, "Virtual Reality Is the Rich White Kid of Technology" (*Wired*, July 2021)
- Neal Stephenson, *Snow Crash* (New York: Bantam, 1992)
- Rob Whitehead, "Intimacy at Scale: Building an Architecture for Density" (*Improbable Multiplayer Services*, June 1, 2021, ims. improbable.io/insights/intimacy-at-scale-building-an-architecture-for-density)

第五章到第九章本质上是对未来的预测,因此参考文献与前几章相比要少一些。一方面,作为一家致力打造虚拟世界的公司的联合创始人,此部分内容源自我本人的经验和见解;另一方面,关于即将到来的元宇宙时代将出现怎样的机遇和挑战,我曾与各位同事、学者和行业领袖进行过多次探讨,这一部分也来自这些讨论。

不过，我还是参考了许多能够挑战本书观点，有助于完善本书内容的文献。以下作品均在我的写作过程中发挥了作用。

第五章：意义之网

- Acceleration Studies Foundation, "The Metaverse Roadmap" (2007, www.metaverseroadmap.org/overview/)

- Matthew Ball, "The Metaverse Primer" (June 2021, www.matthewball. vc/the-metaverse-primer)

- Edward Castronova and Vili Lehdonvirta, *Virtual Economies*: *Design and Analysis* (Cambridge, MA: MIT Press, 2014)

- Nikolai Kardashev, "Transmission of Information by Extraterrestrial Civilizations" (*Soviet Astronomy*, September–October 1964)

- Raph Koster, "Still Logged In: What AR and VR Can Learn from MMOs" (GDC talk, 2017, www.youtube.com/watch?v=kgw8RLHv 1j4)

- Kim Nevelsteen, "A Metaverse Definition Using Grounded Theory" (September 2, 2021, kim.nevelsteen.com/2021/09/02/a-metaverse-definition-using-grounded-theory/)

第六章：交换模式：元宇宙最佳组织模式

- Raph Koster, "Riffs by Raph: How Virtual Worlds Work" (*Playable Worlds*, September 2021, www.playableworlds.com/news/riffs-byraph:-how-virtual-worlds-work-part-1/)

- Carl David Mildenberger, "Virtual World Order: The Economics and Organizations of Virtual Pirates" (Public Choice vol. 164, no. 3, August 2015)

- Dan Olson, *Line Goes Up—The Problem With NFTs* (video essay, January 21, 2022, www.youtube.com/watch?v=YQ_xWvX1n9g)

- Camila Russo, *The Infinite Machine*: *How an Army of Crypto-hackers Is Building the Next Internet with Ethereum* (New York: HarperCollins, 2020)

- Laura Shin, *The Cryptopians*: *Idealism, Greed, Lies, and the Making of the First Big Cryptocurrency Craze* (New York: PublicAffairs, 2022)

第七章：虚拟工作和满足感经济

- Edward Castronova, "Virtual Worlds: A First-Hand Account of Market and Society on the Cyberian Frontier" (*CESifo Working Paper* No. 618, December 2001)

- Kei Kreutler, "A Prehistory of DAOs: Cooperatives, Gaming Guilds, and the Networks to Come" (*Gnosis Guild*, July 21, 2021, gnosisguild. mirror.xyz/t4F5rItMw4-mlpLZf5JQhElbDfQ2JRVKAzEpanyxW1Q)

- John Rawls, *A Theory of Justice* (Cambridge, MA: Belknap Press, 1971)

第八章：暴君和公域

- Finn Brunton, *Spam*: *A Shadow History of the Internet* (Cambridge, MA: MIT Press, 2013)

- Julian Dibbell, "A Rape in Cyberspace, or How an Evil Clown, a Haitian Trickster Spirit, Two Wizards, and a Cast of Dozens Turned a Database into a Society" (*Village Voice*, December 21, 1993)

- Chris Dixon, "Why Decentralization Matters" (*One Zero*, February 18, 2018, onezero.medium.com/why-decentralization-matters-5e3f79f7638e)

- Niall Ferguson, *The Square and the Tower* (New York: Penguin Books, 2018)

- Milton Friedman, *Capitalism and Freedom* (Chicago: University of Chicago Press, 1962)

- Scott Galloway, *The Four*: *The Hidden DNA of Amazon, Apple, Facebook, and Google* (New York: Portfolio/Penguin, 2017)

- Katie Hafner and Matthew Lyon, *Where Wizards Stay Up Late*: *The Origins of the Internet* (New York: Simon & Schuster, 1996)

- Leslie Lamport, Robert Shostak, and Marshall Pease, "The Byzantine Generals Problem" (*ACM Transactions on Programming Languages and Systems*, July 1982)

- Steven Levy, *Facebook*: *The Inside Story* (New York: Blue Rider Press, 2020)

- Carl D. Mildenberger, "The Constitutional Political Economy of Virtual Worlds" (*Constitutional Political Economy* vol. 24, no. 3, September 2013)

- Thomas More, *Utopia* (1516)

- Justin Peters, *The Idealist*: *Aaron Swartz and the Rise of Free Culture on the Internet* (New York: Scribner, 2016)

- Matt Stoller, Goliath: *The* 100-*Year War Between Monopoly Power and Democracy* (New York: Simon & Schuster, 2019)

第九章：物种形成

- Aaron Bastani, *Fully Automated Luxury Communism* (London: Verso Books, 2019)

- Nick Bostrom, *Superintelligence* (Oxford, UK: Oxford University Press, 2014)

- Robert J. Bradbury, "Matrioshka Brains" (1997, www.gwern.net/docs/ai/1999-bradbury-matrioshkabrains.pdf)

- David Eagleman, *Livewired*: *The Inside Story of the Ever-Changing Brain* (New York: Pantheon, 2020)

- Max Tegmark, *Life* 3.0 (New York: Knopf, 2017)

- H. G. Wells, *The Time Machine* (1995)